铁匠

曹保明　著

中国文史出版社

图书在版编目（CIP）数据

铁匠／曹保明著. -- 北京：中国文史出版社，
2021. 8
ISBN 978 - 7 - 5205 - 3117 - 7

Ⅰ. ①铁… Ⅱ. ①曹… Ⅲ. ①铁 - 手工艺 - 金属加工
- 介绍 - 吉林②铁 - 金属加工 - 手工业工人 - 介绍 - 吉林
Ⅳ. ①TG291②K828. 1

中国版本图书馆 CIP 数据核字（2021）第 172786 号

责任编辑：金硕　胡福星

出版发行：**中国文史出版社**
社　　址：北京市海淀区西八里庄路 69 号院　　邮编：100142
电　　话：010 - 81136606　81136602　81136603　81136605（发行部）
传　　真：010 - 81136655
印　　装：北京温林源印刷有限公司
经　　销：全国新华书店
开　　本：660 × 950　1/16
印　　张：16. 75
字　　数：170 千字
版　　次：2022 年 1 月北京第 1 版
印　　次：2022 年 1 月第 1 次印刷
定　　价：58. 00 元

心怀东北大地的文化人

——曹保明全集序

二十余年来，在投入民间文化抢救的仁人志士中，有一位与我的关系特殊，他便是曹保明先生。这里所谓的特殊，源自他身上具有我们共同的文学写作的气质。最早，我就是从保明大量的相关东北民间充满传奇色彩的写作中，认识了他。我惊讶于他对东北那片辽阔的土地的熟稔。他笔下，无论是渔猎部落、木帮、马贼或妓院史，还是土匪、淘金汉、猎手、马帮、盐帮、粉匠、皮匠、挖参人，等等，全都神采十足地跃然笔下；各种行规、行话、黑话、隐语，也鲜活地出没在他的字里行间。东北大地独特的乡土风习，他无所不知，而且凿凿可信。由此可知他学识功底的深厚。然而，他与其他文化学者明显之所不同，不急于著书立说，而是致力于对地域文化原生态的保存。保存原生态就是保存住历史的真实。他正是从这一宗旨出发确定了自己十分独特的治学方式和写作方式。

首先，他更像一位人类学家，把田野工作放在第一位。多年里，我与他用手机通话时，他不是在长白山里、松花江畔，就是在某一个荒山野岭冰封雪裹的小山村里。这常常使我感动。可是民间文化就在民间。文化需要你到文化里边去感受和体验，而不是游客一般看一眼就走，然后跑回书斋里隔空议论，指手画脚。所以，他的田野工作，从来不是把民间百姓当作索取资料的对象，而是视作朋友亲人。他喜欢与老乡一同喝着大酒、促膝闲话，用心学习，刨根问底，这是他的工作方式乃至于生活方式。正为此，装在他心里的民间文化，全是饱满而真切的血肉，还有要紧的细节、精髓与神韵。在我写这篇文章时，忽然想起一件事要向他求证，一打电话，他人正在遥远的延边。他前不久摔伤了腰，卧床许久，才刚恢复，此时天已寒凉，依旧跑出去了。如今，保明已过七十岁。他的一生在田野的时间更多，还是在城中的时间更多？有谁还像保明如此看重田野、热衷田野、融入田野？心不在田野，谈何民间文化？

更重要的是他的写作方式。

他采用近于人类学访谈的方式，他以尊重生活和忠于生活的写作原则，确保笔下每一个独特的风俗细节或每一句方言俚语的准确性。这种准确性保证了他写作文本的历史价值与文化价值。至于他书中那些神乎其神的人物与故事，并非他的杜撰；全是口述实录的民间传奇。

由于他天性具有文学气质，倾心于历史情景的再现和事物的形象描述，可是他的描述绝不是他想当然的创作，而全部来自口述者的亲口叙述。这种写法便与一般人类学访谈截然不同。他的写作富于一种感性的魅力。为此，他的作品拥有大量的读者。

作家与纯粹的学者不同，作家更感性，更关注民间的情感：人的情感与生活的情感。这种情感对于拥有作家气质的曹保明来说，像一种磁场，具有强劲的文化吸引力与写作的驱动力。因使他数十年如一日，始终奔走于田野和山川大地之间，始终笔耕不辍，从不停歇地要把这些热乎乎感动着他的民间的生灵万物记录于纸，永存于世。

二十年前，当我们举行历史上空前的地毯式的民间文化遗产抢救时，我有幸结识到他。应该说，他所从事的工作，他所热衷的田野调查，他极具个人特点的写作方式，本来就具有抢救的意义，现在又适逢其时。当时，曹保明任职中国民协的副主席，东北地区的抢救工程的重任就落在他的肩上。由于有这样一位有情有义、真干实干、敢挑重担的学者，使我们对东北地区的工作感到了心里踏实和分外放心。东北众多民间文化遗产也因保明及诸位仁人志士的共同努力，得到了抢救和保护。此乃幸事！

如今，他个人一生的作品也以全集的形式出版，居然洋洋百册。花开之日好，竟是百花鲜。由此使我们见识到这位卓尔不群的学者一生的努力和努力的一生。在这浩繁的著作中，还叫我看到一个真正的文化人一生深深而清晰的足迹，坚守的理想，以及高尚的情怀。一个当之无愧的东北文化的守护者与传承者，一个心怀东北大地的文化人！

当保明全集出版之日，谨以此文，表示祝贺，表达敬意，且为序焉。

2020. 10. 20

天津

发现铁匠

生活中，常常是越普遍存在的事物，越不易被发现，铁匠便是如此。

本来人时时离不开铁匠的手艺，可当人认真去注意铁匠时却又不知他们在何方。我发现和认识铁匠田洪明极其偶然。有一次，《城市晚报》一个记者给我打电话，说有位铁匠，住在城乡接合部的刘前店（现在已是市里的一个街区），他日夜守着他的老工具，着迷似的总想打铁，算不算非物质文化遗产传承人。我觉得有必要接触他，就与铁匠通了电话。谁知他立刻来到我的办公室，而且扛着锤子、锯、风匣等家什，呼呼喘着粗气爬上我单位的楼来……

初次照面，我便被这铁匠独特的气质所深深打动，尽管他那浓重的山东诸城一带的地方口音，说话一快，我听不全懂，可是从他那急切地渴望去了解他和他的手艺价值的心情中我已认定，他是一位我们要全力寻找并应去保护、挖掘的人，而且他是一个极善于表达的铁匠，他是一个"文化源"，他是一个饱含着传承能力的杰出人物，是铁匠这一行当的重要人物。为了探清他生活与传承的状况，我在一个泥泞的早春下到刘前店去，一定要看一看他的铁匠铺子。那时，冬雪已渐渐开化。清明过后的日子，东北正是泥泞的季节，他刚从山东给祖上老人上坟回来，穿过一条泥泞的胡同，他的铺子就展现在眼前了。自古铁匠铺子就是破破烂烂的物件堆满一地，他的铺子更是如此。四周城建的高楼大厦已平地而起，只有他的铁匠铺子，孤零零地处于大墙下的一隅，充满了孤单和无助。他甚至站在早春的土雪上，也担心地打量着我，那疑虑的目光仿佛在问：我与我的炉子，还能留下来吗？我看见，他的眼眶湿了。

推开他铺子的破门，我被眼前的情景震惊了，只见他祖辈传下来的上百件工具让他一样样挂在只有十平方米不到的铺子里墙上，那些古旧的工具，散发着腐旧的气息，仿佛有让人说不尽的苍凉细节。但却闪现出人类久远艺术创造的灿烂光芒，它们照耀着人类生存、文明的历程，每一件都带有着古朴和刚强。这是人类的财富，是世界文化宝库中的财宝。就在铺子的一角，我发现了他自己的一个地铺，破被、枕头、麻袋片！那是他日夜在此守望文化的处所……我一阵心酸。铁匠见我落泪，以为是他慢待我的结果，急忙从屋角的一个破包里翻出两张大饼……那是山东诸城的特产，是他和兄弟们给祖上老人上坟回来每人带回两张当珍贵的纪念，他举过饼子对我说："曹老师，没啥，给你留着尝尝特产吧！"

我的心，再一次颤抖起来。我决定写这部铁匠故事传奇。在这个早春，一个决定就这样开启了。"五一"我没有过，而是日夜让自己沉浸在"铁匠文化"的岁月底层。我决定先以文本的方式留下这段记忆。也许就留下了一种永恒。因为，真实是会有力量的。

目录 Contents

第一章

铁匠的手艺

一、生活文化类

（一）转环

转　环

　　转环，直径3－6厘米。就是生活中拴、挂、拷、连各种物件、动物、活物的拴绑工具，生活中使用得非常普遍，但打制这种转环的手艺却复杂无比。

比如这个"十连环"，不但要一个一个地成环，而且每个环之间不能连在一起，成为组环。转环转环，特点在"转"和"环"上，各环之间，每个环本身，都得旋转自如，灵活，又不能卡坏了"物"（如牛、马、狗）的脖子、腿、脚什么的。

而如扣押人的手铐、脚镣子，铁匠炉也要打制。

如锁罪犯的脚镣子，就是这种转环形制。

要锁住他们，又不能让他们打开，逃跑。

田师傅的多件转环打制工艺，已成为历史岁月中珍贵的遗存，具有重要的保存意义和欣赏价值。

（二）唤头

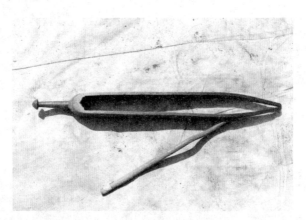

唤头和唤头棒

唤头，是剃头匠用的招幌工具。长 36 厘米，宽 3 厘米，中宽 2.5 厘米。

唤，是一种发声的铁环，长形，在"唤"的上方，两面铁尖对合在一起，只留一个小缝。使用时只要在中间一划，然后使两铁以弹性作用不断地回碰发生震动，发出"嗡——嗡——"的响声，这就是"唤头"。

铁唤头声音悦耳，动听，但制作手艺很讲究。

这种用具，全靠铁匠在打制唤头时的铁中及时加钢。

加钢，要适度，加多了，唤头发脆，声音传得不远；加少了，就没有弹力，不回碰，或声音厚，声音传不开。

为了让唤头能够加好钢，主要有三种火候。

田师傅说，唤头加热是插在炉火里，出炉要立刻以老醋淬一遍火，再送进炉里，夹出后要立刻打钢，打锤时工锤要猛下，再以麻油淬火，再送入炉中。第三遍从炉中取出，要立刻以温水淬火，接着开打，然后声音才脆响。

唤头是一种独特的工具，打制的手艺手法相当讲究和严格，不然不但不响不亮，铁匠也丢了手艺。

（三）拉碗链

拉碗链

拉碗链，是一种连拉物的拉锁。

碗，形状似碗的碗盆，这是其中一节。要一碗一碗、一链一链地连在一起，可以无限延长，主要是桥墩、路两侧的拉顿等处使用拉碗链。

但铁匠打制拉碗链却要使用多种工艺。首先要使拉链穿过"碗"壳，要使用打、碰、敲、片、蹾、扯、拉等不同的全盘艺和技法才能最终完成。

（四）挂肉钩子、擒刀

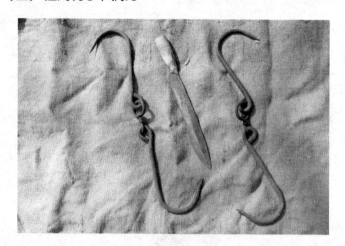

挂肉钩子和擒刀

挂肉钩子长 20－30 厘米，宽度 10－12 厘米。顾名思义，主要是市场或店铺将猪肉一块块挂起的用具，以便好卖好选。

擒刀，长 20 厘米，刃宽 4－5 厘米。杀猪用的专业刀。

（五）刮子

刮子，又称刮刀，把长 10－15 厘米不等，刀背长 8－10 厘米不

刮　子

等。是东北民间杀节猪（过节时杀的猪）或杀年猪（过年时杀的猪）时使用的工具。

由于北方人年年要杀猪，所以处理猪的工具就十分讲究和像样，这种刮子就是如此。

刮子的打制，全靠铁匠以高端的技艺三淬火，这才能使刮子锋利而又不易"卷刃"，使起来得心应手。

东北铁匠田师傅打制的刮刀在东北民间十分抢手，每年都有城方百姓到田家来定制。

（六）通条

通条，长 1.2 米，把长 15 厘米。杀猪后用来通猪的皮层，以便向里面吹气，便于刮毛。

在北方的生活中，杀活猪，通皮层，刮毛，都需要特殊的工具，所以这种通条是民间生活中必备的用具。

铁匠与通条

（七）秤

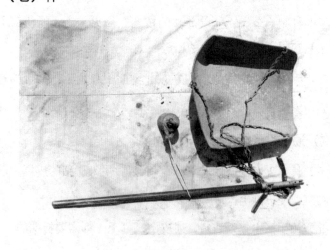

秤

秤，也是田师傅的杰作。

秤是生活中最普通最常用的物件，但制作秤的手法却十分讲究。不但秤盘、碗、链需要精湛的手艺来完成，秤杆上的准度，更是要以尖锤一锤钉进木杆才行……

田师傅制秤手艺堪称一绝呀。

这称具，是田师傅手艺的成果记录。

（八）冰铲

铁匠与冰铲

冰铲，把长 1.3 米，铲长 20 厘米，宽 6 厘米，厚度 1 厘米。顾名思义，是铲冰铲雪的专门工具。

在中国北方，冬季的人们在生活中时时要与冰雪打交道，所以冰铲就成了必不可少的东西。

冰铲主要是做冰灯、冰雕时所用。

北方的冬季，一到年节，政府、街道、公园里处处都要竖立、摆放冰灯、冰雕，装点节日。但制作冰灯、冰雕，要使用特殊工具呀，于是冰铲便应运而生了。

冰铲的把很长，1.8米到2米左右，这样人劳作时不至于弯腰，减少劳累，而且铲把长、平，便于使力、给力。

这个冰铲是田师傅的独特发明。

（九）马勺托

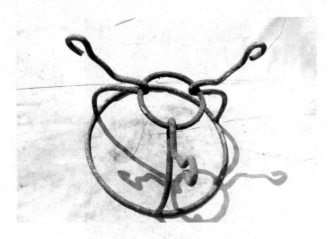

马勺托

马勺，是生活中最常用的一种器具。

马勺，要有马勺托才行。先将一种一指粗的铁条编织成一个马勺架，大小与马勺相同，然后才能在上面作业。

马勺托看起来十分漂亮，有点像洗脸盆的架，只不过比它矮、小、平，放在固定的地方，以便于操作。

田铁匠是制做马勺很拿手。

（十）鼠夹子

鼠夹子

鼠夹子，又称"树夹子"，这是铁匠多种手艺中的杰作。把诱饵放在夹盖上，只要鼠上去一动，它便自动翻了过来，一下子把老鼠给夹住。

东北是产粮之地，老鼠也多，特别是做酒的地方，粉坊、油坊之地更多，民间的仓房、粮囤子也多，没办法，只好到铁匠铺去制买这种"鼠夹子"。

这也是田师傅的拿手技术。

（十一）烤鸭炉挂钩

烤鸭炉的挂钩很好看，远远看去，真好似一只只的肥烤鸭。这种挂钩，上边的钩要固定在中间的环上，而钩与环之间又可以来回转动，以便把烤鸭烤得均匀。

中环下部的钩，是朝两边伸开。这一左一右的钩是为了挂两只，

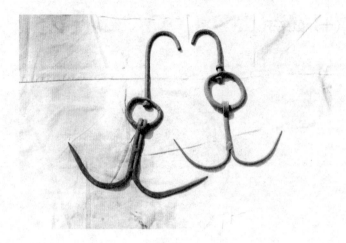

烤鸭炉挂钩

一同烤。

每年，北方各个作坊，大小饭店，都到田师傅的炉上来定做这种挂钩。

来者往往拿着本本："田铁匠，要一百只烤鸭钩！"

田师傅答："啥时候要？"

对方说："八月节用。"

田师傅掐手一算，说："二十天后就来取钩。"

田铁匠保证在指定的日子里把货交给你。

（十二）菜刀

打制菜刀，是田师傅的特色。

在长春，已有郑发菜刀、孔家炉刀具等，但田铁匠的菜刀却独具特色。

他打制的菜刀，背不太厚，刀片宽，适用于生活节庆，常常是

菜 刀

家庭祝福联欢办宴席时喜欢的物件。它使起来轻便可手,而且随时可以加钢回炉。这在老长春,老宽城子,也是一种特色。

(十三)锁头、带关子、钥匙

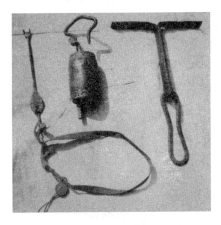

锁头、带关子、钥匙

锁头长 26 厘米,锁头直径 5 厘米,钥匙长 14 厘米。

田铁匠的手艺真是登峰造极,就连结构非常复杂的锁头,他也打制得精美无比，让人瞠目结舌。我在他的家里，看到了他祖上几辈子传下的手艺作品，打制的锁头、带关子、钥匙。

锁头最难制作的地方就是锁簧，外锁可以正常打制，但内里有些部件如锁舌、锁扣，不用精致的手法和特殊的铁质来完成是不行的，还要根据簧的大小，分别选择铜、铝、锡、钢等不同的材质来打制才行。

田师傅做什么都喜欢动脑。

钥匙要根据锁的机关而制。钥匙的功能就是打开锁，而且，外形还要好看，给人一种美感。在这一点上，田师傅做到了。

他做过一把锁钥匙是"爪形"，去钩开拉开内锁簧，达到开锁目的。

带关子是锁和钥匙的一种配套工具。也要求在造型上有创造和创新。他能让"铁"形成艺术，去表现生活的多彩与流畅。

（十四）镰刀斧头

镰刀斧头

在田师傅的铁匠铺里有一件特殊的物件——镰刀斧头。

镰刀和斧头本来是工农常用的生活用具，可是在这里却被田师傅组合成党旗上的标志——镰刀斧头。整个造型，特点鲜明，生动无比，底上衬上红纸，使党旗的光辉形象分外逼真，表现了铁匠工人的情怀和爱戴。

这是田家几代人的特创。

（十五）大柜合页

在北方的民间，往往都有大柜，有大柜的就必定有合页，有锁鼻儿，然后上锁。

大柜合页

田师傅所制的大柜合页，漂亮而新颖。

他继承了民间传统的"圆"的概念，又将中间的"页"做成一个桃样儿，那"页"的正面是一颗丰满的大桃，让人看了，赏心悦目。

在大圆下套上小圆，让人有圆——缘之感。

人生如圆满，便会有缘分，这是人们生活的一种文化心理，我们从田师傅的艺术处理上完整地体会到他的良苦用心。

（十六）清砖刀

清砖刀

清砖刀，长55厘米，刀宽12–15厘米。是一种专门清理砖面的工具。

清理砖，民间俗称"㨃哧"砖，就是将砖表面上的凹凸不平处处理平，以便打泥，上垛，起墙。这是民间建筑工地必备的工具。

田师傅将这种清砖刀进行了大胆的外形处理，使这样的砖刀如一面旗帜，平时别在瓦工的后屁股上，表明了他们的职业。

清砖刀，清砖刀，

一面子旗处处飘。

只要能去勤劳动，

万丈高楼起云霄……

（十七）砖掐子

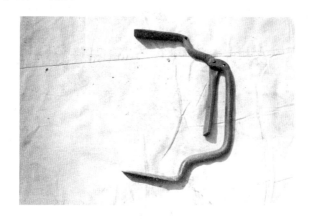

砖掐子

万丈高楼平地起。盖楼起房，要用砖，而运砖要使用"砖掐子"。砖掐子，将两块以上的砖掐接在一起的一种工具，手指处分成两份，只要砖一掐在上面，人一提，"掐"也就扣紧了所掐之砖，于是便可以从这里提到那里了。

这种工具，田师傅每年要为无数的建筑工人和工地提供。

（十八）铁灯

在北方悠悠的历史岁月中，人生活离不开灯。

可是大多数人家的"灯"，是那种由泥巴制作的泥碗灯，土灯，又称为"灯虎子"。

灯虎子，又叫"灯鼠子"，是指这种灯像一只老鼠的头，这是指灯和鼠一样造型，而尾，就是"把"，也可提于手上或端在手上。这是北方下井挖煤、采矿人的"宝贝"，他们常常把灯虎子叼在嘴上，省出双手去爬坡，不然上不来。也有的将灯虎子戴在头上。但田师

铁 灯

傅却制出了一种自己的铁灯。

他制出的铁灯，高16厘米，直径10－50厘米。沉重而厚重，整个呈圆形，以厚铁做盘，这样可以稳定放置，或者移动，牢靠不动摇。而灯桶子，他却做成了瓶子样，给人一种家庭用具的亲切感。铁灯的把手又是一种波浪式的"耳朵"花形，民间常见的古朴造型。上面的倒油处又做成齿轮形，可供人去拧动加油，倒油，不打滑，真是费尽心思。

这盏铁灯具有珍藏价值，是民间生活的珍贵物件。

（十九）绳车子

在东北民间，打麻绳是重要的生活手艺。打麻绳的工具叫绳车子，这种用具由车架子、车梁子、摇把、木爪等零件组成，而每件上都要有铁活儿。如绳车子上的摇背、摇轴、摇杆、绳钩子、木爪耳子等，都是铁活儿。

绳车子

这种铁活儿要由铁匠去精心打制才行。

铁匠田洪明是打制绳车子的重要铁匠艺人，他能按照绳车子的大小、不同部件，选来不同的铁料去完成绳车子的铁艺。

摇把，又称"摇晃子"，上面有相互错开的摇板和挂钩，可挂三股绳，靠木爪的移动去完成扭绳，俗称打麻绳。

（二十）仿锥

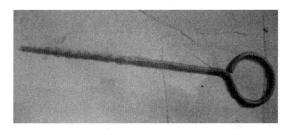

仿　锥

仿锥，长 15 – 20 厘米，圆把直径 5 厘米。是专门用来扎纸的工具。

在东北民间，纸作坊非常多，特别是东北民间的习俗说："窗户纸，糊在外，养个孩子吊起来，十七八姑娘叼个大烟袋……"就是在说纸在东北的普遍被运用。

纸坊造纸，往往要"数"纸，"查"纸，"量"纸，所以这种"仿锥"是不可缺少的。

在田家铁匠炉，每年要打制大量这种仿锥，供应纸坊和民间所用。

（二十一）巴路

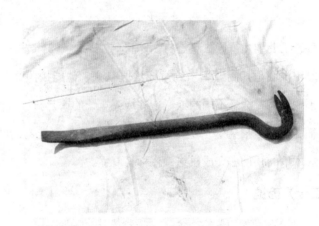

巴　路

巴路，又叫"八路"，长 60 – 80 厘米。是民间起钉子拔钉子用的工具。

"巴"或"八"，只是音，可能与"扒路""修路"时要"起钉子"有关，在东北民间都这么叫。

这种工具，依靠一头的弯度和口上的薄牙，去将钉子拔出来，用它来拔钉子得心应手。

这是田家铁匠炉打出的工具。

（二十二）树剪子

树剪子

树剪子，又称"树枝剪子"或"剪枝剪子"，把长 20 厘米，剪长 20 厘米。是专门用来剪树枝修树的工具。

东北的冬季漫长，每年春季、冬季，都是园林工人要修树的季节，这时这样的工具就派上了用场。田师傅手很巧，他要将剪刀中间的拉扯弹簧做成适当的宽度，使拉度吻合，人只要根据树枝的粗细、长短、大小，一上手就会"咔嚓"一声，轻松解决所需。

这是一种古老的生活艺术创造。

（二十三）托钩

托钩，顾名思义，是托起物件的用品。长 10、15、20 厘米不等，宽 5、10、15 厘米不等。可根据被托物的大小、轻重、样式，来决定托钩的大小和样式，一头打进木里或墙里，以便增加托力。

田家铁匠炉的托钩造型美观、大方，给人一种云彩飘逸的感觉，

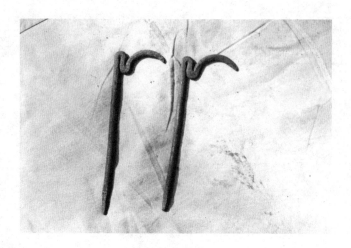

托　钩

十分美观舒畅。

（二十四）井抽子

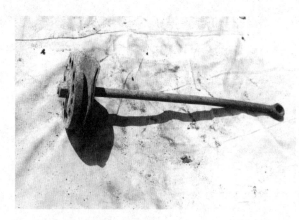

井抽子

直径 8 公厘米，高 30 厘米。

东北的大井从前都是以柳条斗子打水，到了明末清初，特别是新中国成立前后，民间就普遍使用井抽子了。所说的"抽"，是指将它下到井管子里，以压杆来带动它上下滑动，将水从地下抽上来。

（二十五）大铲、瓦刀、抹子

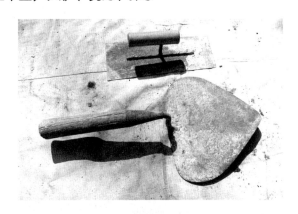

大铲、瓦刀

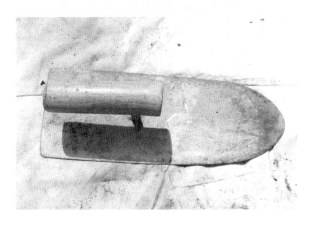

抹子

大铲：直径19厘米，加把长37厘米。

建筑工人（瓦工）使用的专用工具。长32厘米，刀宽8-10厘米。用以削平砖上的疤痕，使砖面平稳，便于砌楼盖房所用。

抹子：宽10厘米，长27厘米，厚0.2厘米。

大铲、瓦刀、抹子，都是建筑工具。

这几种工具的铁活儿很讲究打制的手艺。这些铁件要薄薄的，因工人长时间握在手里，重了太累。但是又得结实，所以火候上要以极快的速度去淬火，然后以平锤打制，并抛光、磨实。是技术性很强的几种手艺活。

（二十六）镐尖

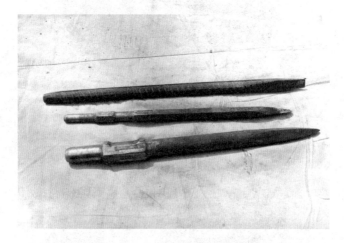

镐　尖

加工镐的工具。长20－50厘米，直径1.6厘米。

完全以硬钢打磨而成，在火候处理上要保持钢度，并形成锋利的尖部，以处理镐的锋利度。

有很多种类和很多式样。尖的头尖和扁的头尖，平的头尖和三角头尖，都是针对不同的镐来使用的。

（二十七）笊篱

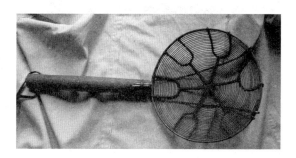

笊　篱

生活中常见的日用品。田铁匠的笊篱是用细铁丝编织而成的。如今这项手艺他已传授给了自己的儿子。

（二十八）劈竹刀

劈竹刀

一种制作生活用的专用劈竹刀。厚背、利刃，轻快、顺手。这种工具在日常生活中普遍使用，是种重要的生活工具。

（二十九）割烟刀

割烟刀，是指割东北大地上的烟棵秆专用的刀具。在东北民

割烟刀

间，有一个重要的民俗——姑娘叼个大烟袋，这是指北方抽烟习俗。而关东的烟是很普遍的一种农作物，特别如长白山蛟河一带的烟，又称"南山烟"，在清朝时已成为"贡品"。但收割这种烟棵，要用专门的工具，那就是割烟刀。因为到秋天霜降以后收烟，那时烟杆已经又老又硬，而且已经快干巴了，所以非得使用这种"刀"不可。这种刀，弯度适当，刀口锋利，正适合去收割这种植物。

（三十）纸篓子

纸篓子

纸篓子，这是民间为故去的亲人上坟或烧纸时，往纸上打记号的一种用具。

在东北民间往往家家都备有这种用具。篾子，又有"截"的意思，要用铁锤朝按在纸上的"篾子"使劲去打，便于留下印迹。纸篾子又分两种：一种是木纸篾子，主要是打坟地在当地的，也就是逝去的亲人就安葬在自己居住的村屯前后的，这叫"近道"，所以用木纸篾子。还有一种就是铁纸篾子。铁纸篾子造型独特，头上两边"开口"，打上以后就有如"口"字样，而不像木纸篾子，打上以后是一个"回"字样。开口的铁纸篾子充分传承了人们的心理民俗，给远在他乡或外省的亲人烧纸时用这个来打。比如亲人祖坟在关内，那么过年过节关东的人回不去上坟，在年节在外地给亲人祖先烧纸，就得使用这种铁纸篾子打纸、烧纸，这是重要的民俗用品。

（三十一）辕马拉子

辕马拉子

马车在外行走，要有"辕马"（就是驾辕的马）。辕马是主要的马匹，它的作用很重要，它身上的套具，要用这种铁链子去制作，讲究精细、结实、抗拉、抗拽，要有精湛的手艺。

（三十二）锛子

锛 子

这种锛子是东北木匠的主要工具，如做犁杖、房框子，打木头架子等大型物件，必须使用这种锛子。而且，锛子还有一个重要的作用，就是山里的木帮用来穿木排时使用。在长白山里，木帮们伐下大木，就要穿排在江河上漂远，所以必用这种物件。

这种锛子的角度和木把的弯度，都是重要的工艺。这是铁匠的重要手艺，标志着一个铁匠是否可以挂出铁匠铺子的招牌，如果做不了锛子，铁匠铺就不敢挂出自己的招牌。

（三十三）崩子

长白山里的一种猎具。两边的钩上带有弹簧，中间是发条。只要猎物虎、野猪、狼、狐狸什么的一上口去吃诱饵，弹簧一犯，两边钩子就会同时刺进动物的两腮，猎物只好乖乖地就擒。

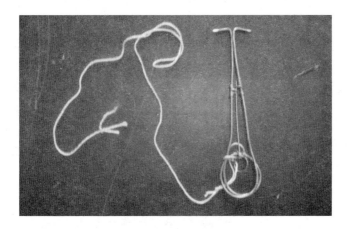

猎崩钩子

二、农耕文化类

（一）扁镐头

扁镐头

扁镐头，主要是刨平地、翻地所用。长30厘米，宽10厘米，厚0.5厘米。

扁镐头的结构及技术上讲究上库下刃。

上库，指镐安木把的库要结实，不能刚刚安上把就"脱裤子"（开裂）；下面的刃，是指要加钢，拿茬。

打制扁镐头要上下作用不同，所使的钢料不同，锤法也不同。

它是很讲究手艺的一种工具。

（二）尖镐头

尖镐头，是刨地用的大镐。长60厘米，中间圆直径6厘米。

这种镐一般在北方的严冬时节去刨冻土、刨粪使用。一边尖，

尖镐头

一边宽平。可根据不同地形使用。打制尖镐要使钢度不多不少，不被冻土顽石震裂，又有活性。主要是看加钢厚度和火候。

（三）爬树镰刀

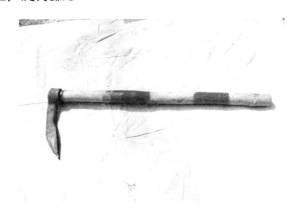

爬树镰刀

这种镰刀主要是上山之人用来爬树上树的工具。把长50厘米，刀长12厘米。刀把短实，刀刃结实厚重。既可以刨进树里，人又可借力攀岭，同时也可以做防身的武器……

在长白山的老林子里，各种意想不到的危险随时会出现，这种镰刀可以击打突然袭击的毒蛇猛兽。这是长白山里人出行随身所携带的工具。

（四）韭菜连子

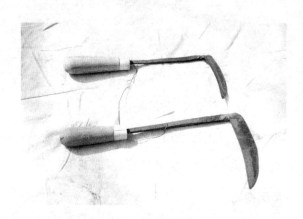

韭菜连子

刀把和杆长 35 厘米，刀长 12 – 16 厘米，刀宽 0.6 – 0.8 厘米。

韭菜连子，是一种专门用来割韭菜的工具。韭菜这种植物出冬以后，一遇春季的暖阳，便成片地长起来，割时一定要使这种"连子"贴土挨根将它们割下，以便韭菜在第二遍（五月节前）再长出时，又鲜又嫩。

这种工具只有在田洪明师傅的铁匠铺子里才能被一把把地打制出来。连子的刀口一定要加硬钢，不然不吃土。

（五）连替

连替，一种能击打苞米、豆角、水稻、芝麻等农作物的工具。

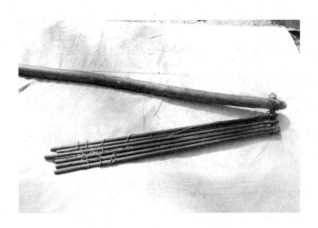

连 替

它是以一个三米多长的木棍为主杆，一个转轴连着六根铁条编制成的一个"替"，也可叫"递"，指不停地去拍打干后的农作物干棵，使上面的果实脱落。

这种农具用起来轻便、顺手，很出效率。

（六）苞米窜子

苞米窜子

顾名思义就是窜苞米时用的工具。

窜苞米是指将苞米从苞米棒子上一粒粒一行行地窜下来。

　　苞米干后粒很硬，以手去搓是无法快速脱粒的，还很容易伤人。于是生活在北方的农人便发明了这种工具。

　　这种苞米窜子十分中用，好使。

　　东北盛产苞米，被世人称为"黄金玉米带"。你看吧，一到秋冬，各家的房前屋后，就挂满了等待脱粒的苞米。

　　于是这种苞米窜子就该派上用场了。

　　田师傅的苞米窜子多种多样，十分美观、奇特。

（七）三齿子

三齿子

　　齿长 12 – 18 厘米，齿宽 0.8 – 1.0 厘米不等。

　　这是一种农具，冬天刨土，春天刨粪，上地。还用来松土、平垄、播种，是北方民族生活的主要器具。

（八）二齿钩子

二齿钩子

高 10 – 18 厘米，齿宽 0.8 – 1.0 厘米。

二齿钩子，顾名思义，是指它有两个齿，也就是两个钩子，也是北方民族生活中的主要工具，而东北的二齿钩子多是用来和泥。

北方民族都睡火炕，每年的春秋两季，各家扒炕、修炕，持炕。所以需要和泥。

和泥，是泥掺上羊草，和时费力，只有用这种二齿钩子，可以"刀"开羊草。和得均匀，适合使用。

所以，二齿钩子是东北民间家家必备的工具。

（九）三齿渔叉

东北的江河出各种各样的鱼，于是生存在这里的民族就学会了做渔叉，用来叉（插，扎）鱼。

渔叉分多种，有二眼的，三眼的，五眼的，等等，而又有三齿叉上带倒钩，又称"倒卷连"，是指在叉尖上又制有回钩。以便叉到

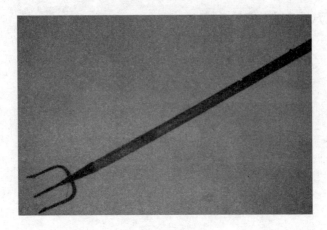

三齿渔叉

鱼后，一拉，鱼便会被钩带住而跑不掉。这是铁匠和打鱼人共同的智慧。

除了渔叉外还有各种各样的鱼钩铁匠也得多做才行，铁匠做鱼钩不叫打鱼钩，而叫烧鱼钩。

烧，是指将一批钩放在一起来入火，这样才能做好之后每一个钩不会有太大的差别，而钩出炉分别打制后，又一起放在一个坛子里去淬火，这叫"窝钩"。

田师傅打制的"窝钩"，大大小小一窝一窝的，一模一样，十分好使，真叫人难以置信。

（十）铁锹

锹，是生活中最常见的物件。

这是长白山临江雪村走到槽子乡的张大爷在使铁锹铲雪。

锹在家家户户，必须用之，特别是农村，更是离不开它了。田

铁　锹

师傅还打制铁锹的把手，他打制的铁锹有各种各样的。

我们在他的铺子里见到了大板锹，尖锹，圆头锹，平头锹。

（十一）韭菜钩子

各种蔬菜，要经常松土才行。

韭菜钩子，就是菜农在蔬菜田里用来松土的一种工具。这种器具十分讲究前尖后实，好握好拿，前边的钩要尖而细，又不断折，所以得看好火候才能打制出这种工具。

田师傅打制韭菜钩子时"夹"钩和"抽"钩都是从粗铁杆烧红后一会儿拉细一会儿拉长最后才形成细钩。

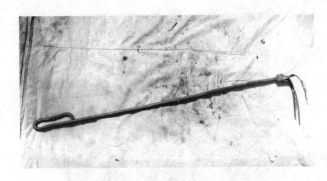

韭菜钩子

这是真正独特的手艺。

（十二）扒锄

长 40 厘米，锄长 15 厘米，厚 0.2 - 0.5 厘米。

扒　锄

扒锄是人直接以手来推扒使用的锄。

这种锄不安锄杆，人以手握住，蹲在地上锄草、挖土，这是北方山村松嫩平原一带人家不可缺少的生活工具。

扒锄的打制要选择铁质，既做到轻便又抗用，耐用才行。圆把也要光滑，不卡手、磨手才行。

（十三）犁杖

犁杖是农耕不可缺少的工具。长2米，高1.1米。在北方，一般是以木头做犁杖。而铁犁是由铁匠来铸制或打制。可是田师傅却能将整副犁杖都以铁来制铸完成，这是一个奇迹。

犁　杖

田师傅打制的犁，包括铁犁架、前轮、轮上的卡闸、扶手、拖链、犁铧托，把手，等等，一律是以铁铸完成。这是他那些年在长白山黄松甸和自己的师父学来的独特手艺。今天，这种铁犁已成了珍藏品。

首先是犁前部的轮和卡闸。

安在前扶手上的轮是直上直下的立轮，靠一竖杆来控制，使其前驱或后仰，而轮的快慢，又是靠卡闸来协调，真是精确有趣。

铁匠与犁杖

（十四）粉坊刀

这是农村山区的粉坊作业时用来切原料土豆的刀。

把长 80 厘米，刀呈三股样，可人操动或安在机械磨的动力上，用时上下、左右切割缸里的土豆，使其碎成小块，以便上磨后易出浆。

但铁匠打制这种切粉刀十分不易。讲究刀的火候、打制技艺，稍微不注意，便会造成各刀的连接处火度不够，连接不牢，不抗使。所以铁匠有句话：

铁匠功夫怎么样，

粉匠不来你够呛！

这便是民间对铁匠的重要夸赞。

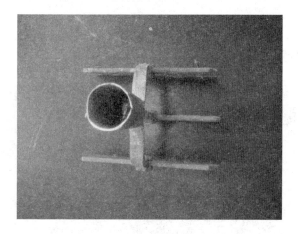

粉坊刀

（十五）皮铲

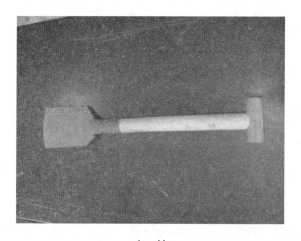

皮 铲

这是一种专门用来在铁匠挂马掌时用手切割牲口蹄壳上的皮甲的刀铲。长 0.6 - 1.2 米，铲宽 50 厘米，高 80 厘米。一头十分锋利。

把由于较长，使用者可以用上力气，以肚子和腰身去加力，才能将坚硬的牲口蹄的皮割切下来。

（十六）铁锛子

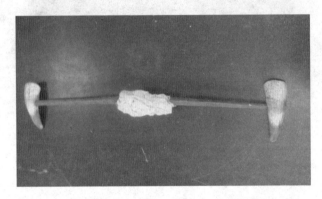

铁锛子

锛子，长约 50 - 60 厘米，两头把手为牛角所制，中间一"铁库"，又似"鼻"，中间夹着两块利刃。这种利刃，万分锋利，闪着刺眼的寒光，银白色。

它可以用两手操握，对要割削的铁杆、铁棍去进行去皮、扒皮、由粗削细等处理。

这种铁锛子专门用来"啃"铁。

这是田师傅的拿手工艺，如今在世面上已很少见了。

（十七）打锣之一——油坊打锣

圆锣盘，薄铁凿之。直径约 1 - 1.5 米，由锣盘、挂绳和手槌组合而成。这是从前乡间油坊卖油时，由油郎手持，边走边敲打，以便让人知道油坊卖油的来了。从那纯厚的声音中可以听出"味道"，

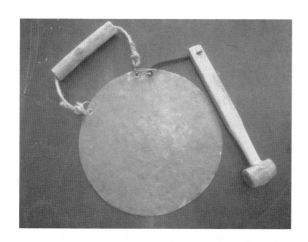

油坊打锣

油纯，质纯，人品物品俱佳。

（十八）打锣之二——糕点铺打锣

糕点铺打锣

这是糕点作坊的打锣。圆锣盘，薄铁凿之。直径 1 - 1.5 米，由锣盘、挂绳和手槌组成。从前的卖糕点货郎子手持此锣，肩挑果箱、果匣，边走边敲，喊道："果子——!"然后"当当——!"敲击打锣，那种声音甜蜜、清新，给人一种美妙的感受。

这种古老的"打锣"如今已经很少见了。

(十九)十二生肖之铁鼠

十二生肖——中国民间的重要代表性纪年方式，已有久远的历史。中国和东亚地区的一些民族用来代表年份和人出生的年号。生肖的周期为12年。每一人在其出生年都有一种动物作为生肖。十二生肖即鼠、牛、虎、兔、龙、蛇、马、羊、猴、鸡、狗、猪，是中国民间计算年龄的方法，也是一种古老的纪年法。十二生肖（兽历）广泛流行于亚洲诸民族及东欧和北非的某些国家之中。古人根据太阳升起的时间，将一昼夜区分为十二个时辰，用十二地支为代号，方便熟记。中国用地支计时法，叫作十二时辰（大时），也就是我们所称的二十四小时。但是，用铁来制作，却是绝活儿，而田洪明铁

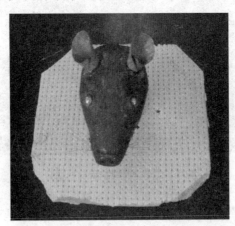

鼠 头

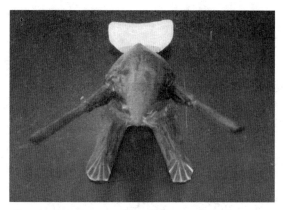

铁 鼠

匠却能手到擒来。

　　他做的铁鼠，十分逼真。以烧红的铁块来控制动物的头、眼、脸、嘴巴和胡须。特别是关于鼠的嘴巴旁的胡须都根根可见，十分形象、生动。

　　这种艺术，简直让人不能相信是以铁来制成的，也足见田师傅的手艺功力。

三、交通文化类

(一) 马掌

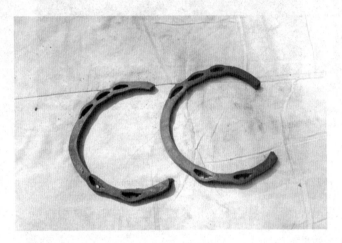

马 掌

厚 1 厘米，直径 14 厘米。

在东北民间，铁匠炉每天大量的活计，其实就是打制牲口所用的马掌、牛掌、驴骡掌等，它是生活中经常用的东西，这主要是因为北方的生活中离不开牛马驴骡。

马掌，一般四季都用，但由于季节的变化，各季所制掌钉的打法也就不同。比如一般的车马，要走土路去拉货，使用正常的马掌便可以了，但如果是在冬季，马与车要在冰雪上走动，那它所使用的掌和钉就要有所不同。

东北冬天天寒雪大，牛马外出拉车、拉爬犁，都必须要钉上冬掌。

夏天马车出外，马也要挂掌，使马不至于伤蹄、伤壳。

（二）驴掌

驴掌相比马掌往往小一些。

这主要是根据牲口蹄壳的大小而定。大的，掌就要相应大，要由牲口的蹄壳而定。

驴在东北有顽强的生命力。抗造，能干活，所以人们往往都喜欢喂养。

（三）骡掌

骡子是驴马交配生出的品种，骡马个头稍微比驴子大，性格暴躁，能干活，难驯服。

干活时，也必须挂上掌。

骡子的铁掌往往与马的掌差不多，但铁匠可根据不同的骡子去选择不同的掌壳，以便它能安稳地拉车出行。

（四）牛掌

牛是北方民族最常用的牲口，生活中几乎家家都要养牛，牛成为北方人生活的内容之一。

牛外出走冰走雪，干活是最多最勤的，几乎处处可见牛在拉车、拉爬犁。

因为要走冰走雪，所以就要为牛挂掌。

牛掌是那种大、圆而又轻盈的铁掌，在冰雪上要能"咬"住冰雪，使牛能在地上不打滑，迈得开步子。牛掌讲究适度、硬度和摩擦度，打时手法要准，不能在钉眼上带毛刺，以勉挂不住钉，一上路就"塌掌"掉掌。上冰的钉，一定是那种"翘膀钉"，钉带大边，可以"咬"住蹄壳，不易脱落。

这是铁匠的精湛手艺活。

（五）掌钉

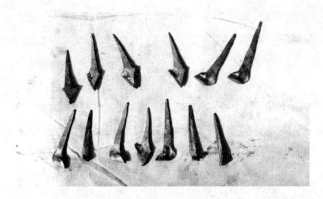

掌　钉

掌钉要根据不同的对象，打造不同的钉。

掌钉，不同于一般的钉子，它上端的"帽"开始时是堆状，一旦安在掌口上了，铁匠一锤下去，就会被打塌，形成"帽"固定在掌上。

这种钉的帽，铁质要软硬适度，便于铁匠打，利于铁匠挂，又令牲口舒服。

这是一种有很多功能的物件。

各地的掌钉打制手法又有所不同，要分别以上冰、走长途、送公粮、拉砖、拖爬犁等不同工种造出不同的掌钉，还要由挂掌师傅的手法、劲法最后决定。

如有的铁掌或钉没打好，时间长了，容易在牲口的掌心里沤烂，使牲口得病，所以造什么样的掌钉，一定要由铁匠在观看了牲口的状况后而定。

（六）牛脖铃

牛脖铃

长10厘米，厚0.5厘米，直径4－6厘米。

牛是北方人生活中不可缺少的劳力，在这里，无论是山川还是平原，几乎家家都养着牛，牛是北方人生活的宝啊。

为了管理牛，又不使它上山干活或吃草时走丢，牛的主人便往往给牛的脖子上挂上一个铃铛，称为"牛脖铃"，这样牛一走动，或者主人一吆喝，它一抬头，就会发出"铃铃铃"的响动，主人就会循声找上来。

牛脖铃也有以铜来制作的。牛脖铃的制作，讲究外形憨厚、稳重不说，内里的构造也很复杂。要让里边的小锤能自己悠满，碰击铃壁，发出悦耳动听的声音。打制牛脖铃的火候十分讲究。从炉中拎出件后，要立刻下锤，同时要反复淬火四次，方能定型。

然后再打制边沿。这种物件不但实用，还有很高的收藏价值，种类也多样，是这几年古玩市场的主要物件。

牛脖铃顶部，是铁匠的手艺绝活，要焊、打结合，手劲儿要均匀才行。

（七）马凳

马　凳

高 30－40 厘米，平顶，长高形。四腿外闪，可以稳固地置于地上，以便人使用。这种马凳，是专门给挂马掌的作坊师傅打制的一种工具。匠人在给牲口挂掌时，让牲口腿弯在上面，然后师傅以一"手绳"将牲口腿蹄捆上，以便割掌钉时牲口腿不乱动。这是一种十分重要的民间作坊工具。

（八）船锚

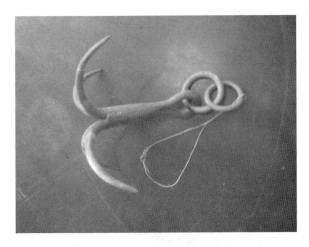

船　锚

圆钩，四股，每锚钩长约50厘米。

这种船锚主要是北方木船和机械船在江边停靠时，抛入船底，以钩住岩石，固定船体。这种船锚是田师傅亲自打制，十分罕见。

四、山林文化类

(一) 掐钩，扳杠

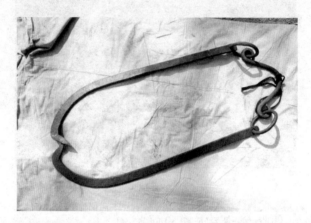

掐　钩

掐钩和扳杠，都是山里人抬木头、搬木头时的必备工具（见笔者的《长白山森林号子》，吉林人民出版社 2004 年版），长 63 厘米，厚 1 厘米。当人们抬木头时，要以四个人、六个人不等，每两个人一组，称为"一副架"，两人一副杠，杠中间挂上这种"掐钩"，掐住木头（大树），然后由"号子头"（抬木把头）喊号：哈腰的挂吧……！

大伙：嘿呦……！

号子头：撑腰的起吧……！

大伙：嘿呦……！

号子头：往前的起吧……！

大伙：嘿呦……！

…………

这才能一点点将大树抬走。

俗话说，手巧不如家什（工具）妙。如果没有这种掐钩，就搬不成这大木头。

扳杠是滚动木头（大树）时的工具。它一侧带钩，那钩可张可合，滚动木头时，一甩杠，钩便搭住了木头，使它不乱动，任由人们推动。

（二）起道钉撬杠

起道钉撬杠

起铁路上各种道钉时所用工具。长 120 厘米，口宽 5 - 10 厘米。

完全由铁打制而成，是一种重要的工具，也是田师傅铁匠炉打制的重要工具。

（三）凿子

凿子，是木匠必备工具。头长 16 厘米，加把 28 厘米，宽 0.3 -

凿　子

0.5 厘米。

田师傅的铁匠炉可以打制不同种类各种式样的凿子。有尖的，宽刃的，平刃的，长刃的，可根据不同作用去选择。

打制凿子时非常讲究炉火的加热加钢，在凿刃上，钢口一定要挂住，不然下木不快，不吃木，不出活。这一点，田师傅掌握得十分合理、得体。

（四）花锔子

花锔子，又称"花盆锔子"。

这是一种轻盈、饱满又美观的巴锔子。

它不如那些固定木排、锔大缸一类的锔子粗大、厚硬，但结实好看，闪亮美观，是一种比较独特的生活用锔。

（五）巴锔子之一

巴锔子有多种，这是一种较大的种类。长 17－20 厘米，厚 1.4厘米。

巴锔子可锔补各种物件，连接各种物件。大巴锔有的一两尺长。

巴锔子捆

但打制巴锔子很不易。要保持杆长，刃利，可打入物件不弯，不变形，很不容易。全靠铁匠的火候和手艺。

（六）巴锔子之二

长 1.8 − 3 厘米。

巴锔子是钉，起到固定各种器物的作用。如缸、锅、碗、瓢、碟什么的，都可以用巴锔子来锔。而锔钉也就不同。

在生活中，巴锔子的用途广泛，处处可以使用。

就连从前放排人使用的"木排"上，连接绳索、树条子时，也有的用巴锔子去固定……

长白山是木材集散地，各条大江的岸边、码头处，从前都有铁匠炉，专门打制巴锔子，以供木材运输使用。

（七）斧子

斧子是北方人生活中不可缺少的物件。

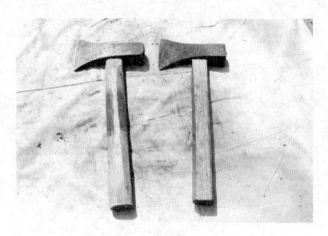

斧 子

在东北，各家生活用斧往往小一些，用来劈柴、砸钉、砍物等用。但是在山里人那里，就叫"开山斧"了。

开山，主要指伐木。

东北大森林，从前没有锯时，全靠斧子去伐木，所以那种开山斧背厚、膛平、刃利，非常有劲儿。

开山斧往往能使得上几代人哪。这是北方人生活的伙伴。田师傅的制斧子手艺堪称一绝，各种斧子他均可打制。

（八）树扎子

主要是用来上树时使用。长45厘米，宽13厘米。上部的半圆库，两侧各有一个眼，可用来以麻绳捆绑到腿脚上，下边的一个横掌，是供上树时人的脚踩在上面，以便蹬牢。而横掌的另一端，是一个有尖刺的锥，上树时人一用力，它的尖头便扎进树里，人便可以牢固地攀上爬下了。

树扎子

（九）毛爪子

长 20 厘米，宽 10 厘米。

毛爪子，本来动物的毛爪，在这里是形容铁爪的四外扩开似动物的利爪，很形象。

毛爪子主要是上树、爬树时使用的工具。

人使用时，可牢牢地抓住毛爪子的背部，然后用力向树上一按，四个爪尖便立刻扎进树干里，人便可依靠它的"抓力"把自己固定在树上了，可以在树上攀上爬下。

毛爪子一定要与树扎子联合使用。上树时，只有脚下踩着树扎子，手上使用毛爪子，才能充分发挥这种工具的奇特作用。

东北的森林作业，如上树采树籽，全靠使用这种工具，这是东北人生活中的智慧创造和运用。

毛爪子

（十）歪把子锯

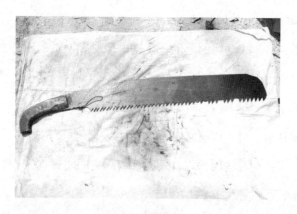

歪把子锯之一

长约 0.7 米、1 - 1.2 米不等，宽 30 - 50 厘米，是一种类似刀锯的生活用锯。但这种锯，由于其作用的广泛而出名。它可以由伐木人带进山场子，在将大树伐倒后，便开始用它"打枝"——就是将大树的枝条锯掉，以便爬犁套好拖运。

爬犁把头往往必备歪把子锯。因他在选择大木要装爬犁前，一定要将大木的枝条打光，这便使歪把子锯派上了用场。歪把子锯由于一头的"把"呈歪口形，所以得名。用时好使，易拉易拽。

歪把子锯分多种，歪把子，是指锯的把是弯的，也叫"刀锯"。这种锯小巧，可随身携带进山，伐木，打枝，是山区百姓最为常见的一种工具。

但锯不是任何铁匠都能制作的。

做锯，先要有"锯板"，就是钢口好的铁板片，这里已经加入了钢份，然后要以"垛子"来冲齿。

这种工艺一般人不行。

但田洪明师傅会。他是在长白山里黄松甸当铁匠时学会的这一手艺。

过去，日本人侵占中国，他们为了掠夺长白山的木材，生产了大批钢锯，下图中的锯，就是日本人留下的物件。

歪把子锯之二

上面有"昭和年制，高乔制，锯长"字样。

这是在抚松漫江村邹吉友师傅家看到的，是邹师傅在老山里一处日本人当年留下的山窝棚的废墟里拾到的。

（十一）圆锯

长约1.8－2.5米，宽约50－80厘米，厚度0.1厘米。

这是一种两人用的大型卷锯。所说"卷"，是指它在用完后，可以将两边向中间一扣，扛搬方便。圆锯是破拉大树大木的重要工具。

圆　锯

在后来机械化发展和日伪时期一些大型的火锯厂就是将这种圆锯安在机床上，以动力带动，去"破"大木。通常的圆锯又指锯片的形状，圆圆的，大小不等，安在机床上去切割木材。这种锯，可以安在机械上起动破木。

还可以安把手，成为"二人夺"，由两个人一上一下去破木板子用。

这种大锯，更需独特手艺才能完成。

田师傅的大圆锯，也是他当年从山里带回家留下来的老物件，有珍贵的历史价值。

（十二）枪锯

一种破大木头的老锯，长约 1.8 - 2 米，宽 80 厘米，两头各带把。上头的把是圆圈形，带两个拉手，下头的是"开"字形把手，可供上推、下拉。

枪　锯

此种大铁锯在从前的林区十分盛行，是伐木场上的常用工具。主要是将大树伐倒后，割去树梢，只要圆木，抬上大架，平放，然后上下各站一人，手使枪锯去破树，使其成为一片片大的"木板"。可供制作车装板、跳板、棺材木和各种大型的木材所需。

（十三）二人夺

二人夺是一种两人使的大锯。长 1.5 - 1.8 米，宽 20 - 30 厘米。

所说的二人夺，顾名思义，是两个人同时操作破大树的另一种

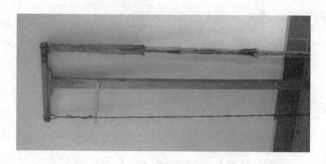

二人夺

锯。木把"工"字形，一边两端用绞绳连接，是人握的把手，一边装着锯条，中间的横梁是支架。给绞绳上劲的木条也卡在横梁上。锯以木把和锯条之间的绞绳来上劲，平衡拉力，使锯条绷紧，以便锋利。

第二章
铁匠的工具

一、铁匠炉

自古以来，铁匠就是靠"炉"。炉，是燃火的家什，也称"炉户"或"火户"，所以中国的文字将这种久远的生活意义合成为"炉"，从远古时期太上老君，就是以炼丹，成就了人间古老的神话，也使他成为铁匠的祖师。

而炉，最早来自人类的灶。

灶是人们使用火的最古老和久远的工具，由灶而炉，是一种顺理成章的文化存在。

铁匠炉一般有土炉、泥炉、砖砌炉、铁炉。

泥炉、土炉，都是指以土和泥搭砌起来的那种炉，但炉的结构一般不能少的是宝库炉膛、炉壁、炉烟囱、炉口，等等，而且连着炉膛处安有风匣、脚踏风车，或者其他直接对着风口进风造风的设备。

铁匠的炉子主要是靠风来迅速提升炉内的温度，然后将铁块、铁条、铁件烧红，再由铁匠将"件"从炉内钳出，按在砧子上，在师傅锤（响锤）的敲打和指挥下，将其打制成所需物件。

炉子是完成铁匠活计的最好的伙伴。

在铁匠家或铺子里，都有一座像样的炉，屋里放的不是炉就称不起铁匠，所以可以这么说，铁匠炉是铁匠唯一也是最重要的家产。

铁匠炉是铁匠打造的第一个作品，使铁件迅速烧热，烧红，达到能锤打的硬度，这是最重要的目的。所以炉子要保温，能迅速加热，一般的铁匠炉炉口都要修成葫芦形，也就是下宽上窄，这样一是能保温，二是便于从宽处取送铁件拽拉方便得劲。

而使砖、坯所砌的铁匠炉是最常见的。

铁匠烧件（王锦思提供）

砖坯所砌的铁匠炉，又可以一炉多用。

比如这个炉子下部可以化铁件，上边又可以坐锅壶，用来烧水做饭，真可谓一举多得呀。

铁匠打件（王锦思提供）

也有的铁匠炉是以石头所砌成，这主要是看各地的建筑材料情况。

铁匠铺子往往都是进屋就是一座炉，人可以直接见识铁匠打铁，这叫当面鼓、对面锣去敲。这也是铁匠的性格，直来直去。让人看着放心，使着顺手。

也有的铁匠铺，加热熔铁之地为"炉子间"，是指专门的一间用来放置炉子的屋子，那里往往遍地是铁件，人没有下脚的地方，所以除了师徒二人抡锤打铁，一般人无法进内，只能站在门口窗口一带，看看烧火，听听声音而已。

一般的铁匠炉的炉火不是那种昼夜燃烧的不灭火，而是随用随吹，随吹随旺，随燃随打，这也是铁匠为了省时和省料。

铁匠点炉打铁，一般使用的是木炭和焦炭。

在长白山里，就有专门烧炭的土窑。把木烧成炭，再由铁匠买

焦 炭

回，运到铁匠铺的炉子里，随时点火，烧件，也有把煤烧成焦炭待用。

点燃的炭火很旺，可在瞬间达到 800 甚至上千摄氏度。将铁件烧红或熔化。

铁匠炉还有以铁来制作的炉，如田铁匠的炉子就是由一个废弃的铁桶改造而成。他将铁桶从中间锯开，一半扣在砖坯搭起的地壁上，一座像样的炉子就修成了。

炉内，就是不生火，也放着铁件，那都是一些闲时可打用的铁件，如果来人急着要打件，他也要拉起风匣，开动起转风机，炉火便会立刻点燃……

当炉火一起，一座看去冷冰冰的铺子，便会立刻火热红火起来。

老君炉

如许多铁匠炉一样，田师傅也把自己的炉子定为"老君炉"，这主要是表明铁匠行要"有祖而尊"。对老君的崇拜，表明了一个铁匠的身份。是说自己是老君的"徒弟"，不但在技术上要尊师，在做人上，也要尊师而处。这是铁匠演绎自己的一种品行。

在铁匠的所有行为中，一走进自己的炉子间，一看见"老君炉"三个字，铁匠说，我就不是一般人啦。我要做个像样的人。因为，祖师爷在那里瞅着，看着我们呢。

这就是铁匠田师傅的一句座右铭。

铁匠试锤

二、铁匠锤

（一）掐锤

掐锤，长 15 厘米，宽 4 厘米，圆头厚度 3 厘米，底端厚度 1 厘米，把长 27 厘米。这是铁匠最常用的锤。

掐，指掐断。主要是对钢板、铁条，能立刻在铁匠的锤子下形成成品。

锤子的锤口要挺。

主要是靠火候和锤法才能完成此锤的制作。

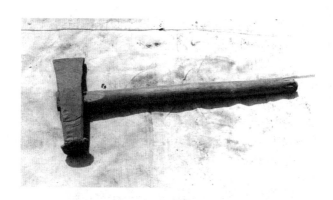

掐　锤

（二）尖刨根锤

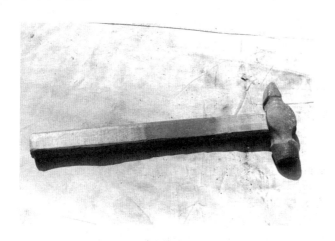

尖刨根锤

把长 30 厘米，锤长 9 厘米，末端 1 厘米，厚度 3 厘米。

刨根，非常形象——一头圆、平，一头尖，便于砸、刨，所以叫"刨根"。

刨根，又来自民间的"刨根问底"，本是指说话好打听，问个究竟，而锤子的"刨根"，是能处理平时处理不了的物件，在这里也有对物下锤、对症下药的意思，也指物尽其用。

（三）方刨根锤

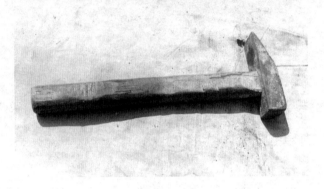

方刨根锤

方刨根锤，把长 30 厘米，锤长 8 厘米，厚度 4 厘米。它的一头是方根。

与尖刨根锤不同的是，方刨根锤的一头呈方形，是对那种方孔状的物件捶打时使用。这也是对症下药的铁件工具。

（四）榔头锤之一

锤长 12 厘米，把长 30 厘米，圆头直径 3.5 厘米，方头直径 4 厘米。

榔头锤是典型的圆头形锤。

它有多种，它们大小也有不同，往往小巧玲珑，物尽其用。

一个好的铁匠往往有几十把榔头锤，因需打制不同的物件，所以会拥有多样锤子。

榔头锤之一

（五）榔头锤之二

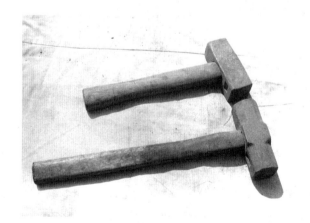

榔头锤之二

把长 27 厘米，锤长 9 厘米，厚度 4 厘米。

榔头锤，顾名思义，是指锤的铁头呈榔头状。榔头，有时长形，有时圆形，有时疙瘩状，总之是一种圆头为主的锤子。

榔，也称为"狼"，是指锤头圆、狼，所以击打物件，着力点居中，以形成下力点。

（六）压锤

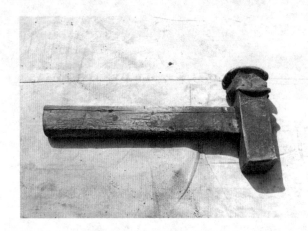

压　锤

把长 30 厘米，锤长 12 厘米，厚度 4.5 厘米。

压锤，是铁匠在打制铁件时互相来使用的一种工具，可以使其打件，又可以为别的锤所击打，打，也叫"压"，所以有这个名。

是一种具有多样功能的工具。

（七）平锤

把长 30 厘米，锤长 10 厘米，厚度 3 厘米。

平锤，专门打制铁件的工具。

平锤的"平"度可根据物件的要求去选用，有的呈长形，有的略显宽形，总之，都名为"平锤"，是指锤面的平度。

平　锤

（八）工作锤

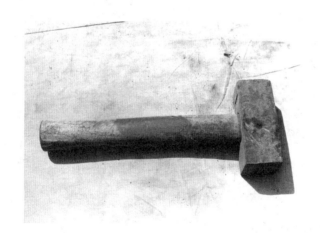

工作锤

把长30厘米，锤长10厘米，厚度4厘米。

工作锤是铁匠铺里最常用的锤子之一。

这种锤，锤头似方锤形状，锤头重而大，使用时一加力便会产生重力。也是铁匠处理物件时最常用最普通的用锤。

（九）响锤

把长 30 - 50 厘米，锤长 20 - 40 厘米，宽 8 厘米，锤宽 0.1 至 0.6 厘米不等。可根据不同用途选择不同响锤。

响锤是在铁匠干活时打制各种不同物件的重要工具，所谓"响"，是指"召唤"人，指师傅召唤徒弟，让他来干活，不可怠慢。什么活，打什么件，取什么物，全靠师傅以"响锤"来指挥徒弟。因此，响锤敲打起来所发出的响动截然不同。

响　锤

（十）加薄响锤

把长 30 厘米，锤长 20 厘米，锤宽 5 厘米，厚度 1 厘米，方头 2.5 厘米。

加薄响锤，是指锤的本身铁质超薄，主要是为了起声、带声，打制不同活计时，指挥徒弟所用。

加薄或超薄响锤敲打起来所发出的声音，犹如一位尖声女子一样轻盈、动听，是召唤徒弟、调节铁铺里生活的有趣工具。

加薄或超薄响锤的铁质在锻造时要充分加钢，使其通透，轻而脆响。

加薄响锤（右）

（十一）宽膛响锤

把长30厘米，锤长15厘米，方头2.5厘米，宽4.5厘米，厚度1厘米。

但宽膛响锤的重要特征在锤膛的宽度上。这种响锤之所以被称为宽膛，是为了以力来加重，对物件的制打有力度。而且，它的宽膛，在师傅召唤徒弟、指挥徒弟时，发出的声音地道、纯厚，仿佛师傅是一位中年的师者，正在以一种浑厚的态度和音调指挥徒弟干活。

并且宽膛响锤一旦敲起，"嗡嗡"作响，有一种苍凉致远的回声，十分动听、厚重。

宽膛响锤（下）

（十二）弓背响锤

把长 30 厘米，锤长 16 厘米，厚度 1 厘米，方头 3 厘米，宽 6 厘米。

弓背响锤的主要特点在锤背的"弓"形上。

弓背，是指响锤的锤型呈"弓"形，这样便加宽了锤子的宽度，并使锤型成为圆弓形。主要作用是让它的作用力更加之大，锤头的作用力更加集中。

弓背响锤敲打起来所发出的声音更加厚重，听起来仿佛是一位慈祥的老师傅在召唤徒弟：快来干活吧。

所以铁匠常言：

弓背锤，弓背锤，

师傅喊谁就是谁。

可见，这也是一种很重要并具有代表性的响锤。

弓背响锤（右）

（十三）羊角锤

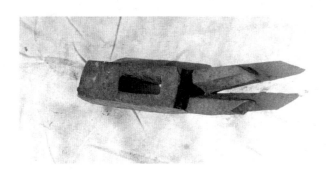

羊角锤

长13厘米，缺口宽1.5厘米，羊角长5.5厘米，缺口45度。

羊角锤，顾名思义，样似羊角。

这种锤子，一头砸物，一头可以起钉，锤底是平的，尖头上的开口处正好用于后者。

这也是生活中常用的一种器具。

三、铁匠钳子

（一）扳轴钳子

长 50 厘米，圆口 5 厘米。

扳轴钳子，顾名思义，是用来扳动轴的主要工具。这种钳子的一只"牙"上安有扳齿，所谓的扳齿，是铁卷牙，可以牢牢地咬住物件，不滑动，以便工作。

这是这种钳子的特殊形状。

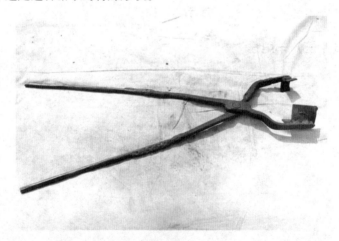

扳轴钳子

（二）异形钳子

长 60 厘米，圆口 15 厘米。

异形钳子，顾名思义，就是与一般的钳子不一样的钳口。

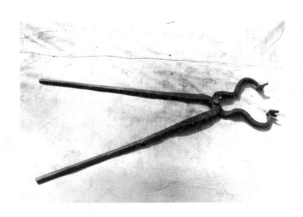

异形钳子

异形，往往是呈现出一种奇异的样子，如这把异形钳子，它的牙口处呈现出葫芦样的造型，这是为了加大限度和走向，又美观，又好看，而钳口上的对接处，两面模铁，以对称的模面出现，又可分别就不同的物件造制钳型……

真是又奇特又异样，名副其实的异形钳。

（三）打刀钳子

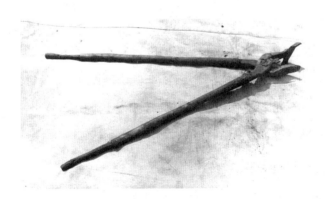

打刀钳子

长50厘米，开口5厘米，叠宽4厘米。

打刀钳子，把长。往往是把（钳杆）长20－30厘米，而钳口才5－8厘米。这主要是刀从火炉中钳出时温度高，操作时由于钳长，人手可以离灶火远一些，便于操作打制。

同时，长杆打刀钳要求师傅有敏锐的观察力，能迅速地从件上判断出锤的锤点和下数，以便翻动，打成件。

（四）转环钳子

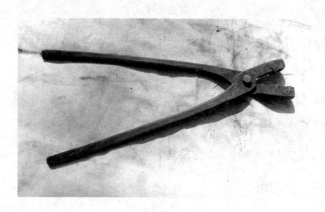

转环钳子

长40厘米，开口3厘米，厚度10厘米。

转环钳是专门用来打制圈件、转环一类器物所使用的钳具。

这种转环钳要求把手和钳口要一致，钳口的口度要大，牙口铁要厚实，咬住件不放，不松，可任由工匠去施锤。

（五）普通钳子

长40厘米，开口6厘米，厚度0.5厘米。

普通钳，就是铁匠炉常用的钳具。

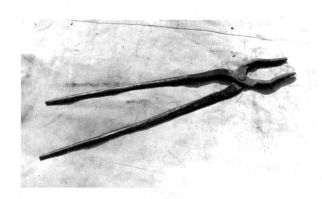

普通钳子

往往要求杆要长，钳口张合度要适中，可根据不同的物件随时钳拿推送。这样的钳子在一个铁匠那里往往要有几十把之多才够用。

（六）砍柴刀钳子

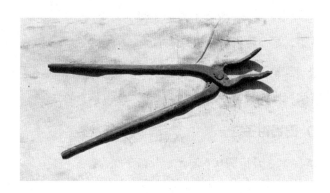

砍柴刀钳子

长30厘米，开口4厘米，口斜45度。

砍柴刀是生活中常用的老刀，而制这种刀的钳子也与众不同。

砍柴刀，要刀背、膛、刃各处都与众不同，所以加工时的钳子也要有多种功能。钳口处不但要咬住件，还要有对物的保护度，让锤走时不至于碰到打好的部位，所以砍柴刀钳子很好看，是一种独特的铁钳子。

（七）加重钳

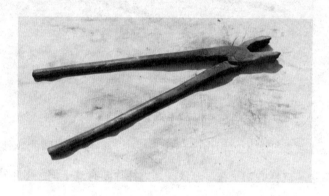

加重钳

长 30 厘米，口厚 1 厘米，开口 3 厘米。

加重钳，是一种钳重件用的钳子。

所谓"加重"，因为整体厚重。无论是钳杆把手还是钳口处，都以厚锤所制，操作笨重，但使起来稳重。这也是它的特长。

（八）巴锔钳子之一

长 25 厘米，开口圆 0.6 厘米，开口 3 厘米。

巴锔钳，主要是在打制巴锔时所用。

这种钳子的钳口要厚，能"咬"住巴锔子的粗铁，以不失掉为能力，所以它要灵活，抗使，便于操作、使用。

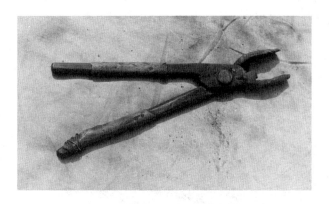

巴铜钳子之一

（九）巴铜钳子之二

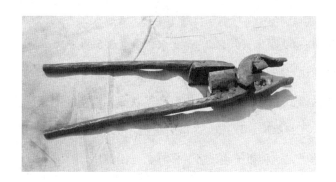

巴铜钳子之二

长 25 厘米，开口 3 厘米，厚度 4 厘米，开口圆 2 厘米。

这种钳子的钳口处，要有专门"咬"巴铜的"库"，"库"，就是一种固定住铜杆的"牙口"。

而且，在这种钳子的收口下，要有"平垫"，使钳子在回收力度时，轴固定在一定的位置上，使巴铜子不变形。

（十）铁棒钳子

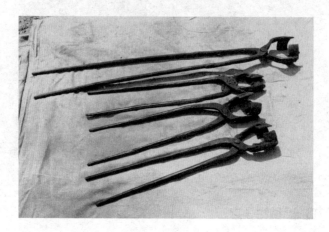

铁棒钳子

长 30 – 60 厘米，开口 2 – 5 厘米，厚度 0.5 厘米。

铁棒钳，顾名思义，夹铁棒所用之钳。

钳铁棒，钳的钳头上都要有圆库形铁圈，以便能"拿"住铁棒。

库，又分单库、双库。这也是根据不同的棒，而去选择钳。铁匠的铁铺里，这种钳子也是多种多样，任由选用。

（十一）转环钳子

长 30 厘米，开口 2 厘米，厚度 0.5 厘米。

打制转环专用的钳子，铁匠铺的重要工具类型。

铁匠打制生活中的"转环"，那是最常见的手艺，所以这种钳子要居多。

转环，转环，钳口要灵活，口紧，咬住不放。钳把要细长，灵活，轻便。这都是转环钳子的特长和特点。

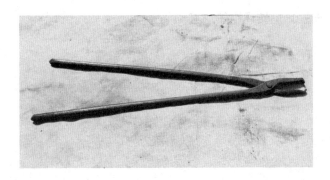

扭转环钳子

（十二）扭转环钳子之一

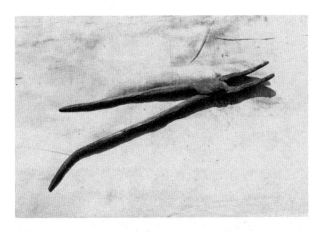

扭转环钳子之一

长 30 厘米，开口 30 厘米，角度 45 度，厚度 0.5 厘米。

用来扭转环的钳子。

打制转环，要边打边扭、拧、拉、修、顶、对，多种手法。所以这种扭转环钳子是不可少的，它往往由师傅拿在右手上，师傅左手拿转环钳，右手拿扭钳，以便能使上劲，使环做得更好。

（十三）扭转环钳子之二

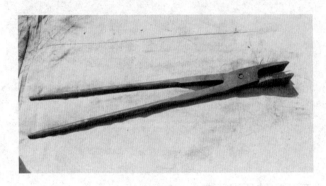

扭转环钳子之二

长 30 厘米，开口 30 厘米，嘴宽 3 厘米，嘴厚度 0.5 厘米。

所说"一号""二号"是对件而言。

扭拧转环往往要根据不同的环形去选择钳子。二号，是指钳口的尺度由张合的大小而定。打一种环往往要选几种钳子才行。

（十四）抠钳

抠 钳

长 80 厘米，开口 100 厘米。

抠钳，又名挖钳，也叫"挖钳子"。

挖与抠都指要在火红的焦炭中去收件、翻件、取件、送件。之所以称为"抠""挖"，是因为它要在焦炭和铁火中去寻找……

那是一种艰难又需要技术性的手艺，铁匠要在火、炭、煤、焦中去准确地选出自己要的物件，所以要运用"抠"来完成自己的目标，实现自己的打算。可见铁匠给它起名为"抠"，是再准确不过的名字了。

（十五）扒胎钳子

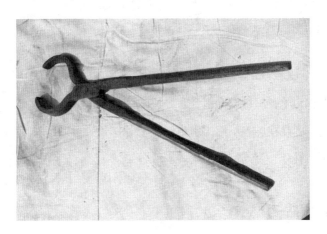

扒胎钳子

长 40 厘米，开口 12 厘米，厚度 1 厘米，内圆 7 厘米。

这种钳子是专门用来修车扒胎的工具，所以称为"扒胎钳子"。它的牙口内有抠的弯度，以便伸进车圈中，去掏胎皮。

人手巧，不如家什妙，生活中的所有智慧，都可在人制造的工具上体现出来，这种钳子就体现了铁匠的手艺。

（十六）无轴钳子

无轴钳子

长 30 厘米，开口 3 厘米，嘴厚 0.5 厘米。

无轴钳子，一种自动组合在一块的铁钳。

它主要是在剪咬不同的中小件铁物时使用。可以延长使用寿命，工作起来轻便、灵活。

四、砧子

（一）小和尚头砧子

高 26 厘米，方 20 厘米，尾巴 25 厘米，锤架 7 厘米，总长 20 厘米，头顶平 3 厘米。

砧（zhēn）子，是铁匠铺最具有代表性的工具。

砧子，又分多种。

小和尚头砧子，是指这种砧子的样子像个和尚头，上部圆圆的

小和尚头砧子

有个尖角的，从远处一看，真的犹如人头——和尚头。之所以造成圆形，主要是看打制什么物件。

圆的，可打制锅、勺、片刀等。

上面的"挡"，旁边的"尖"，对物件进行搣、圈、推、别、对，能发挥主要作用。

这是田师傅从山东老家背到东北来的物件。

（二）花砧子

方 40 厘米，厚 14 厘米，圆眼 3 – 6 厘米。

一个铁匠，往往要有十个二十几个砧子。田铁匠共有 11 个砧子，这个"花砧子"就是其中之一。

花砧子，主要是用来打制马车辕、铁犁时使用的砧子。所说的"花"是指砧子上有各种各样的孔、眼，这些孔、眼，可以根据不同

花砧子

的物件、形状来使用它们。

　　花，又是功能多、样数多的意思。

（三）打唤头砧子

打唤头砧子

　　长36厘米，宽6.5厘米，厚3厘米，底座宽13厘米、长26厘米。

打唤头砧子——打制剃头用的唤头。

这种砧子要有不同的"方"眼和"圆"孔。这在一种砧子上出现，是一种独特的安排。

而且，由于唤头的"方型"变度，这种砧子上下要形成"方眼"，可用来打制唤头。还要有"别"眼，以便撖唤头、卷唤头时使用。总之，这是打制唤头的独特砧子。

五、钻

（一）木钻

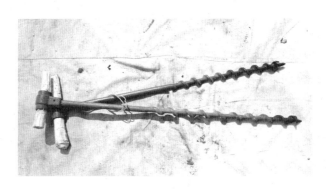

木　钻

长 40 厘米，圆 1 – 2 厘米。

木钻，钻木所用。

木钻，又分手把钻或手把木钻，是生活中最常用的一种家庭用具。而且木匠、木工厂、木作坊也缺它不可。打制这种木钻要选好钢口，人的手劲使钻的钻头均匀走动。尺码要定好。

这种工具是衡量铁匠手艺的重要铁器具。

（二）小轱碌钻

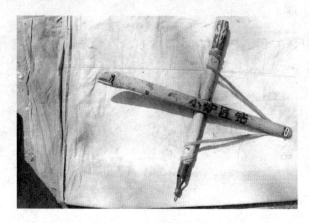

小轱碌钻

长 60 厘米，把长 68 厘米。

铁匠，要不断地发明自己的工具，小轱碌钻就是其中之一。这种钻（也称为"转"），以两个交叉木条或各个条组合在一起，横杆上套皮条，以给竖杆上的钻（转）加力，使其在转动中以竖杆之上的钻头着力钻入物件。

田师傅的小轱碌钻是他亲手所做，用起来也得心应手。他共有十几把这样的小轱碌钻。之所以叫小"轱碌钻"，又指它在转动时发出的声音而言。

这种小轱碌钻在转动时，往往发出"咕碌碌，咕碌碌，咕碌碌，咕碌碌"的声音，这响声，又像一只鸟儿在飞鸣，所以得名。

六、扳子

（一）麻楂扳子

麻楂扳子，又称"马扎"扳子。长 12 厘米，或 8 厘米。分为两撇。一撇 4 厘米，一撇 3 厘米。

麻楂扳子之一

麻楂扳子之二

这是中国北方民间专门上树用的"扎子"或"马扎子""麻扎子"等用具。

远处看去，它们就像一只只可爱的企鹅，在北方的雪原上行走，其实这是用来打制生活在长白山区的人用来上树的"马扎"的主要工具。它的不同的部位，可以任其加工成"马扎"，起到"搣""压""别"的综合作用。

这是田师傅自己发明制造的北方工具，也是他铁匠铺的主要物件。

（二）搅磨机扳子

长20厘米，开口2厘米，粗1厘米，拐子3厘米。

搅磨机的制造和修理，主要用固定的工具——搅磨机扳子。

这种扳子是双股着力，共同使力。

双边的张口，可根据机器的不同开度去选择。

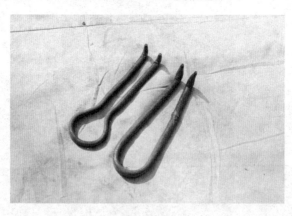

搅磨机扳子

田师傅有一批这样的扳子。制作与使用的道理一致，这是一种在现实生活中不断延续发明的成果。

（三）压板扳子

长 5 – 10 厘米不等，开口宽 0.5 – 10 厘米不等。

压板扳子用来"压板"。压板是打制铁件时的重要工具，以压板压住铁件，还要根据件的软、硬以及火熔度的大小来实施力度，保证不损坏物件的形体。

压板是在铁匠具体操作中产生的一种工具，种类也很多。

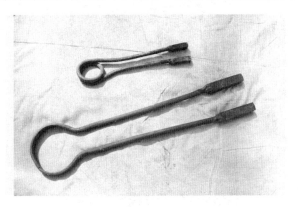

压板扳子

（四）抢扳子

长 20 – 25 厘米，中间铁库夹刀刃，十分锋利。

两侧有圆把鼓，适合人双手去握住使用。

抢扳子又叫"铁抢子"，是专门用来削铁件的。

削，土语：撅哧（就是去刮皮）。

当铁件能被抢子去掉皮，可想而知，这种工具该是多么锋利吧。

其实正是如此。这种抢子，整个的夹把，没有什么特殊，但抢扳子中间的库上夹着的那片铁是非常珍贵的，要有锋利的钢口。

钢口，又叫钢刃，它往往是硬刃，锋利无比，可以按铁匠的意图随时将铁件刮下一层皮来，这种抢扳子，都是田师傅亲手制作，别土无有，别处不生。他曾经当着我的面，将铁杆子像刨花一样刨下一层皮来，真是一种神奇的工具。

铁匠与抢扳子

七、模具类

（一）掌漏子

长 28 厘米，头圆 3 - 4 厘米，钉长 4 - 5 厘米。

掌漏子，是打制马掌、牛掌、驴掌、骡掌的一种专门工具。

所谓的掌漏子，是指在铁漏头上有一个口，又称"钉口"，上下

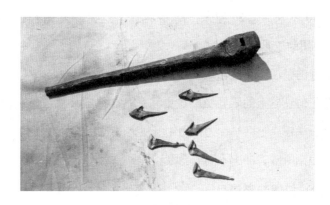

掌漏子

大小，正好是一个"钉"子。铁匠将烧好的钉铁按进"漏子"口，然后一锤下去，掌钉便从"口"上落下来……

这也是一种"钉模"，是铁匠发明的东北民间打制掌钉的独特工具。

掌漏子又根据牛、马、驴、骡等不同而选用不同的"漏子"。

（二）冲眼漏子

冲眼漏子

长 40 厘米，宽 20 厘米，高 14 厘米。这是铁匠在各种铁件上"冲眼"用的工具。

铁匠凿眼、凿孔，称为"冲眼""冲孔"。

为了使铁器上的眼孔更圆、更完整，这种工具往往垫在物件下边，然后举锤在上面一加力，物件上便出现大大小小的圆孔。

可根据所需，冲出不同的孔眼。

（三）打拨浪鼓模具

打拨浪鼓模具

直径 10 厘米，高 10 厘米。

打拨浪鼓的大小模具有多种。

拨浪鼓，又叫"郎鼓"。是指货郎子外出卖货时使用的叫召工具。这种器具的制品只有这种独特的器模才能完成。

根据拨浪鼓的大小，可选择不同大小的模具来完成。

（四）压巴拉圈模具

压巴拉圈（扒拉圈）模具，是一种独特的工具。巴拉圈，在工

压巴拉圈模具

作中、生产中非常普遍，但制作起来准度很大，非这种工具不可。

而且，压制时要配套使用其他工具，加工仔细，行动迅速，质量才能上乘。

这都是田师傅铁匠铺的工具，也是独特的手艺。

（五）地板紧子

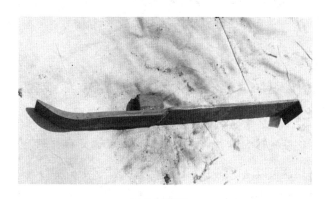

地板紧子

长45厘米，宽5厘米，厚0.8厘米。

房屋修建、上地板所用工具。

地板为了扒紧，必须以这种工具去紧板子，靠它的"牙""捆""框""翘"，去进行密集的排列。

这是一种专用工具，是田师傅的发明。

他往往擅于从生活中去总结，创造。这是人类智慧的结晶。

（六）垛子

铁匠把垛子

长8厘米，直径2厘米。

垛子是垛铁件的工具。垛子，非常形象的名字。垛，又称为"冲"。

使用垛子来冲断，要靠力，一种冲力。

垛子往往短硬，其背厚，而刃粗利。垛，又有"劈"的功能。是指将一块铁可以从中间一下子劈开，形成两半……

这是铁匠田师傅在向我们说明垛子的功能。

我们也见证了垛子的力量，这正是一种奇特的铁匠铺用具。

（七）巴路专用垛子

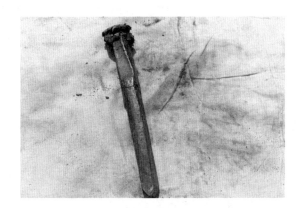

巴路专用垛子

长 20 厘米，直径 2 厘米。

做巴路（或叫八路），专用这种垛子。

它杆把长，尖部厚墩，只有用它才能冲开八路的铁牙。这是田师傅的独用工具。

（八）巴路垫子

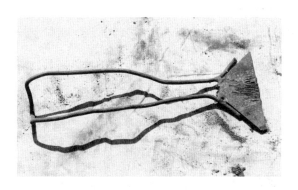

巴路垫子

片长7厘米，长20厘米，厚度0.3厘米。

打制巴路，要有这种"垫子"，所以称为八路垫子。垫子把手呈双股，好握，好使，可以平稳操作；头上是一个三角形，对外敞开，双条托一个扇形铁板，以便将"八路"（巴路）放在上面捶打。

这是铁匠在实践生活中的独特创制。

（九）铁拐尺

铁拐尺

长10-50厘米。

拐尺，是用来测量铁件尺寸的。

每一个铁匠都要有不同数量的拐尺。但这就有如航海中的罗盘，缺少不得。田师傅的铁拐尺都是自己亲手制作，用来打制十分讲究精度的工具。这叫没有尺度，不成方圆。田师傅说，拐尺是我的师傅。

（十）磨壳

磨壳，是打扁铲的专用工具。

扁铲是民间必备工具，而打制扁铲都必须要在这种磨壳上安一个长把，以便端着伸到炉、锤上去操作，这样便于加火、打制。

铁匠架着磨壳

（十一）磨石

磨 石

长20厘米，宽5厘米，厚2厘米。

铁匠炉离不开磨石。田师傅手中有几十种不同类型的磨石，圆的，长的，方的，驮形的，都有。使用时要根据不同的物件去选择不同的磨石。

这些磨石中，也有他从山东带来的祖上传下来的老磨石，已用得剩下不大一块，可他舍不得扔，留下来，是留下了一个久远而难忘的生存记忆。

（十二）铁搓子

铁搓子

搓子，是民间常用的工具。

这铁搓子是田师傅铁匠生涯中的主要工具之一。在他的铁匠铺子里，这些搓子随处可见。生活中搓子不可或缺，人们常在他这里打制、定做。

八、行炉

（一）小炉匠炉

小炉匠炉

长45厘米，宽35厘米，高25厘米。

铁匠又称"小炉匠"，这是指，每一个铁匠，不但要有固定的铺子，也就是铁匠铺，而且他还要必须有移动和迁徙的行动炉，也就是"小炉匠炉"。

小炉匠炉，就是指他走乡串户所挑着的炉。

小炉匠走乡串户，称为"打跑箱"，是指他要挑着这种炉去走四方……

这种炉，一边像是个"灶"，上边是泥做的炉坑，可盛上焦子、焦炭等，另一边是个风匣，走到哪儿，说点火就吹着。下边一个口，是等着连接风匣所用，一旦打铁，生火，只要一接上风匣，一动便立刻生风使炉内升温烧件打铁打件。

这是中国民间铁匠的独特创造。

（二）小炉匠挑子

小炉匠挑子，是为铁匠外出干活备的。

往往是两边都装着铁匠所用的全部重要工具，如炉、风匣、砧子、锤子、钳子等各种工具，这一担挑子挑上，一前一后走南闯北。

小炉匠挑子

这一副小炉匠挑子，是田家几代人的传世之具。由田家闯关东从山东带来，至今已有一百多年的历史了。

不但田师傅舍不得扔，人人都愿意观看，这是一种古老的艺术品。

上面还贴着一副对联：听老君的话，要勤奋博学。

（三）风匣

一物真稀奇，

没脸又没皮；

只要它骂你，

你还笑嘻嘻。（民间谜语：风匣）

一物真奇怪，

杆上有毛在；

只要见到眼，

它就里砧拽。（民间谜语：拉风匣）

风　匣

长 80 厘米，宽 32 厘米，高 52 厘米。

风匣，又叫"风箱"，是铁匠炉必备的物件。

这个老风匣，是田师傅千里迢迢从关里家带出来的，是爷爷当年所使用的工具，他不但现在还在用，而且还在风匣上贴了一副对联：锤头生碧玉，炉内炼黄金。

这只风匣，已经跟随了田家上百年了，这是一种情感之物，也是铁匠无法割舍的深深的情怀。

（四）货郎与鼓锣

小火炉和货郎子走四方，要有响动，那就是敲打铜锣，就是他

货郎与鼓锣

们的招幌。这是田师傅自己制作的鼓和锣槌。

每到一地，在村外，他就要敲打它，让人们知道，他来了，小炉匠来了……

在旧时生活中，铁匠是百姓无法舍弃的内容。

九、其他工具

（一）炉粘勺

长80厘米，圆勺直径100厘米，把手呈耳形，长15厘米，宽0.4厘米。

炉粘勺是铁匠在炉火燃烧到一定程度时以此勺伸到炉膛的火中去舀取烧尽的灰炭和煤渣所用。铁匠也使用它向炉膛内加添煤炭和燃物，以便保持炉火旺盛，不减温度。

炉粘勺

（二）扎皮子

扎皮子，铁匠的重要工具。长90厘米，圆把直径10－15厘米。

扎，是指捅、通等作用；皮子，是指铁匠炉内在达到一定温度时，炉内往往焦炭和铁质已粘连在一起。而铁匠要从炉子的火中不断地取物、进物，十分不便，为此，要使用"扎皮子"去挑开、扎开炉火中铁件表皮形成的粘壳，包括清理挂在炉壁上的铁渣，以便打铁。

扎皮子，这是铁匠不可缺少的一种工具。

民间对"扎皮子"还有传说。据说铁匠外出常常在后腰上挂一把"扎皮子"，途中见到有人刁难，便取下"扎皮子"打对方，对方不敢惹。

民间说：

扎皮子，扎皮子，

上打皇上，皇上不还手，

扎皮子

下打部下，部下不还手；

谁惹他就打谁，

因为世人谁也离不开打铁的。

这里是一首民间歌谣，不知起于何方，也不知是从哪里传来。但可以看出这是铁匠们为了保持自己的生计而特意传承下来的一种民俗理念，就像要饭的（乞丐们）的"大筐"（头子）腰上挂一把"鞭子"，打谁谁得服气一样，是一种行业文化心理。

扎皮子，又分多种，可根据炉壁内所粘挂的不同样式位置物体而制作出不同的"扎皮子"……

（三）铲子

长 80 - 90 厘米，铲头长 20 - 40 厘米、宽 20 厘米。

铁铲子的长与宽与其他类型差不多，只是弯部为 15 - 20 厘米。

铲子主要是铁匠从炉中向外扒、搓、搂煤炭和铁渣等物质所用，根据不同作用，又有三种铲子类型：圆头铲子，弯头铲子，扁头铲子。

在铁匠的打铁工序和生活之中，这种铲子是不可或缺的重要工具，也往往是铁匠祖上几代人传承下来的玩意儿，自家人的工具好使、顺手。

铲　子

圆头铁铲子

方头铁铲子

（四）炉钩子

长 80 厘米、50 厘米、40 厘米不等。

炉钩子主要是用来清理炉膛、炉箅上的一些黏着物，以保持炉内通风走氧，便于铁匠加火打件。

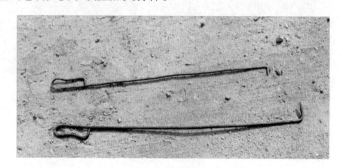

炉钩子

（五）炉灰掏子

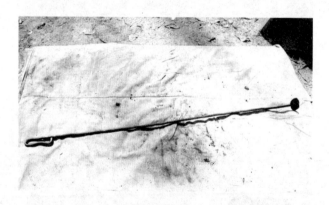

炉灰掏子

用来掏炉中灰烬的掏子。

铁匠的炉，要时时清理，不留下任何煤炭燃烧剩下的灰渣，以免影响火度。这种掏子，杆长，掏（勺）小，便于伸进炉膛中去作业。

这是田师傅打铁的必备之物。

（六）捞件勺子

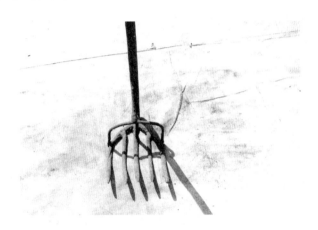

捞件勺子

捞件勺子，指从火中向外取掏物件。

当铁匠炉的炉火熊熊燃烧时，炉中就会产生火焰的火幕，但人要从中取物，是有时有晌，有时间要求的，时间长了件会被烧化，短了会烧不好，打不成铁件，什么时候捞件、夹件、取件，全靠铁匠去关火判断，而从火炉中取件，称为"捞件"。

捞，是指取得多。

所以这种捞件勺子就形成了。

奇怪的是，这种"勺子"没有底，而是做成笊篱样，有爪，有勺，这是为了边捞边漏、边选边提，真是一种名副其实的工具。

（七）长把铁垛子

铁垛子，有多种，如这种，就是长把铁垛子。

长把铁垛子，可以让人闪开手，去打制带火的物件不易伤手。

长把，又便于着力。所以它的把做成耳形，便于操握；垛子本身也是长而厚，便于着力。这是一种独特的工具，也是铁匠铺最常用的工具。

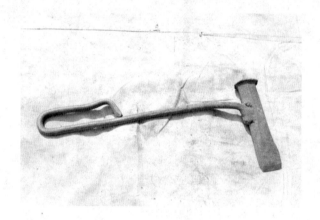

长把铁垛子

（八）脚剪子

脚剪子，顾名思义，它是一种用脚来踩的剪子。长 35 厘米，两片内厚 1 厘米。

人的脚往往比手有劲儿，对于那些大的、厚的钢板、粗条，要去剪断、剪短，用手剪子办不到，就用这种脚剪子。

脚剪子的一端有一个脚踏板，使用时，把件放在剪（钳）口上，用脚一踏，咔嚓或咯噔一声，件便应声而断。

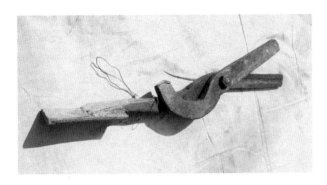

脚剪子

这是田师傅的发明。

第三章

铁匠口述

一、王贞房口述

我和他生活了一辈子，就没离开过这个"铁"，想起来我们两个人的结缘，也是因为这个铁。我是山东聊城人，家在野场庄，他是诸城魏家庄的。在魏家庄后边，有一条大河，那对岸，有座山，叫西岭，西岭的东南坡上，出一种白石头，人们叫它重精石，是重要的生产原料，那个地矿一开工，就招工人打石头。我在家干农活啥的干烦了。在我20岁那年，就和父亲说："我出去当工人吧……"家里也就同意了。于是我就一个人出去闯荡，就让奶奶陪我一块上魏家庄西岭的白石山工地给大伙做饭，连和我做个伴。

我们三五个姑娘住在一个工棚子里，奶奶和另外两个做饭的老太太住在一个工棚子里，平时也见不着，就在吃饭时能看到奶奶……

那时候打石头最费的是镐钎子，工地上从魏家庄招来了一个小

114

铁匠妻子

伙，就是他田洪明。听说他已闯关东去了东北，这一年是回来到老家给祖上上坟，填填土，过完清明或者最多到端午节，人家就回东北了。在工地上，也就是帮帮忙。他每天指导几个小伙计在铁炉上打制镐钎头。炉火呼呼地响，铁锤叮叮当当的，姑娘们路过他的铁匠工地，都好奇地往里看上几眼，只见他光着膀子，汗流浃背地吆喝着打铁，有时也骂上人家几句，真有点狂野。

可是有一件事却让我认识了他。

有一天，奶奶做饭的铁锅坏了。工地上吃饭的人多，十二印的大铁锅裂了缝，这可怎么办哪！大伙急得直跺脚。眼看快到晌午了，只听旁边的一个人叫道："是不是锅漏了？"

奶奶说："是呀。你咋知道？你是谁呀？"

铁夫妻打铁

只见门帘子一掀进来一个汉子，正是他田洪明。他说："我是从伙房门口过，我顺风一闻，你这准是锅漏了！一股子油烟子不对味儿……"

奶奶大吃一惊，说："小伙子你真行啊，能知道这是锅漏了，可是也得等下晌或者明天再去镇里找修锅的给镶上！你是谁呀？"

于是小伙子一五一十地把自己叫田洪明正在工地上的铁匠炉给工地打磨钎头的事说了，又加了一句："就知道你这锅再不镶就得炸锅了……这不，我已把小炉匠的铜锅巴镶子都带来了。快！能给你镶上。"

当时呀，我奶奶简直不敢相信自己的耳朵呀，立刻在这个小伙子的指挥下，从漏锅里倒出菜，就见人家把锅翻扣过来，三下五除二，不一会儿就把锅给锔好了。然后人家背上钻就走了。后来奶奶一打听，人家铁匠就要回东北了，人品又好，手艺又好，奶奶心里就有了打算了。她把俺妈、俺爸都找来，说出心里话，上哪找这"爱生活的男人哪！不如把贞房给了他，我看今后孩子的命不错，跟上他上东北闯关东去吧"。记得那一晚，奶奶把我叫到她的工棚子里，一五一十地说了此事。当时呀，我这脸烧得，从脸到耳根子都红了。人家田家小伙心眼好，谁家的姑娘跟了他，上了东北，成了他的人，也就成了一个女铁匠。我跟他是心甘情愿，就成了他的下手，也给他打锤，一干干了二十多年，现在也打不动了。可心里，这里是他的铁匠。

为了生活，他打巴锔子，我就背着去卖，给工地送货，一年年的，我了解他这个人。他一辈子就铁了心啦，就知道去干铁活。他爱他的铁活，甚至忘了我，忘了家，可是我心里头还是称赞他，他爱他的业呀。可是一累了时，也骂人，骂我！我想，他骂就骂吧！骂别人不行，骂骂我，也许能解解累。他有时后悔，也对孩子们说，我不和你妈发脾气，和谁发？

唉，这辈子，我该着，成了铁匠的妻，也是一辈子。

二、田彬口述

我十六岁就和俺爸打铁了。一开始，学打巴锔子。那时工地上到处都用铁钎子、榔头、巴锔子，可是，街上镇上铁匠少，上哪去找呢？那时候，我已经参加工作了，在松原通榆一带干活。有一年放假回来，问我娘，俺爸呢？

娘说在他的破铺子里……

我转身去了父亲的铁匠铺子。

那时，父亲不爱回家，自己在铁匠铺子的里间炉后压一张小床，铺上破棉被，就是他的家。他为了接活，在他睡觉的床的墙上挂一块小黑板，上边用粉笔记着某某工地巴锔子多少，钎头子多少，谁也看不懂，只有他一看便明白，上边用粉笔记着，某某工地巴锔子多少，下月运到。我去时，还有一个老太太的声音：田师傅，我要一盏铁灯，啥时候给呀？

只听父亲在一一答应，又送人家，一从铁匠铺子里出来，我搭眼一看，我只是两个多月没见父亲，只见他又黑又瘦，穿一件破棉袄，敞开个怀，手里正端着一碗温乎的高粱米水饭，一手拿着窝窝头，一个黑乎乎的咸菜疙瘩，在啃着……

"爹……"

我实在忍不住了，一头扑到父亲怀里哭了。

父亲说："彬哪，你别哭。你哭啥？咱们当铁匠的都这样，要苦也能吃，要福也能享，才行。你放假回来，就帮爹打几天铁。社会上不能没有咱们铁匠啊！"

我当时就答应了。从那之后，我就开始陪爹打铁，做他的下手，当大锤工。而且我从那也征求了爹的意见，当铁匠，不去干临时工了，父亲说，这才是铁匠的儿子。知道铁匠文化重要，像他的儿子。

那一年，双阳一个工地急用铁钉、凿子什么的工具，我爹一打打了一天一宿，吃饭睡觉都顾不上。外边下大雪，黎明时，我和父亲推车子去送货，走了一百里地才送到了建筑工地。

我爸是个好琢磨事的人，比如暖气片上的钩子，比如锔缸的钻，多少年不打了，上什么地方都买不到，怎么办哪？而且那一年吉林的一个老人来的，他家有一口缸，是清朝传下来的，父亲对我说："彬哪，一定给人家锔上……"终于，我父亲把锔缸的钻给琢磨出来了。

我父亲就是这样一个人，我想我接下爹的手艺，也就传下了我家的人品，这是我田家铁匠世世代代传下来的东西，丢不得呀。

三、常海楠口述

提起我的公公，打心眼里是一种自豪，他这个人，处处是让人钦佩的。想起来，他这一辈子就是爱他的"艺"，爱他的铁匠工具、手艺和他的铺子，那是他的命根子。

有一年，我爸妈回山东关里家去给老人上坟，连看看多年不见的乡里乡亲，临走时，他总放不下他的那一堆铁工具。他的那些铁工具，什么炉子、锤子、钳子什么的，平时都堆在他的小仓库里，他舍不得丢下它们，于是搭了一个铺，不回新的房舍来住，而是日夜陪着他的那些"破烂"生活、睡觉，时常在夜里也摸起一件，翻一阵"扑哧"一下乐出声来。他爱他的那些打铁工具如同爱他自己。可是眼下，他要回关里家了，又惦记他的这些"宝贝"，这可怎么办呢？那天外边下大雪，他的火车票是下午的，他就对我说："海楠哪——你快去——！"

我说："爸，上哪？"

他说："快去，把你五叔找来，我有话要说。"

我五叔是开出租车的。我忙去找来了他。父亲对五叔说："五弟，你可给我看好了我这铺子，一件也不能少！"

五叔说："咳，我以为什么大不了的事。好了，你放心走吧。"

父亲说："不行！你一定得答应我，每天下班来这里看一次！"

五叔说行行行，父亲这才匆匆忙忙地走了。

可是我记得最清楚的是，父亲虽然到了关里家，可是心却依旧在他的那些铁件上，他几乎天天打电话给我，他天天跟我说，海楠哪，你昨天看到你五叔了吗，他今个去了吗，左边窗子上那把响锤千万别掉地上，地上有个毡子，掉上就摔坏了；西边门口那盏铁灯，因为那灯油已经烧干了，别把窗帘点着了，千万……

他嘱咐的话，一堆一堆的。他总是不放心：锤咋样？炉子咋样？钳子咋样？……

他在我们这些孩子们的心里，总是那样，是一个从生到老都爱着自己铁匠手艺的人，我为有这样一个父亲而骄傲、自豪。其实世界上如果多几个这样爱着自己手艺的人，我们的社会、生活、家庭，该多么有意思啊！我要在心底说一句话：父亲，我们爱你。

四、田慧口述

父亲对女儿，是一个固定的形象——铁匠。

我常想，父亲是铁匠，铁匠就是父亲，他像一座大山，一座厚实的山，我们依偎在他的胸膛里，感到的是那样的自在，父亲也就有了依托。但有时，我们又生气，他不听话！

那年过年，大伙都聚到我家，也是我们刚刚动迁，分了新房子，也想欢庆一下，又到年了，三十晚上，我们先包饺子，和面，大伙热热闹闹的，吃完了饺子，我们看电视的看电视，打麻将的打麻将，可我爹却说："我出去一趟……"

我娘故意说："外头大雪天的，你上哪?"可是，大伙心里明镜似的，他这是要上他的"铺子"去。因那时，动迁还没完。记得有一回，他和动迁的人干起来了，那是过十一，那时，由于动迁，我们家原先的老房场已被建筑工地收购，可经父亲反复找上级部门，要求留下一处地方，作为田家铁匠铺。开始，人家政府不同意，都起大楼了，就你一处破房子，那算啥呀。于是父亲就坚持住在那里。可是父亲老在铁匠炉子间忙，不肯回家，他也不知道从哪学来了一句话，他对那些来动迁的人说，难道你们就不能像保护驴皮影那样保护我的铁匠手艺吗？我没死，我就是遗产!!! 我就守着我的遗产，我看你们谁敢把我的破玩意儿扔了。

一句话，把那些来动迁的人都"吓"跑了。

这不过年了，年三十了，家家都和亲人团聚，他却非要回到那

田铁匠的女儿

冷冰冰的仓库里，和他的那些铁具"团聚"，言外之意就是看守着那些东西。

父亲说："你们睡吧。别惦记爸，俺去炉子间。我看看它们，摸摸它们，俺也就安心了……"

父亲说完，推门出去了……

外面，冬天的风雪，在黑夜中呼呼地刮，大年夜的鞭炮，在处处炸响，整个大街上，只有父亲，迈着他结实的脚步，踏着大地上的冻土，脚下的雪发出"嘎吱嘎吱"的响声，走向他心底的永恒的牵挂。

五、田洪明口述

我上学那年，父亲去世了，我就还跟爷爷走南闯北去学艺。我干的是小打，给人家拉风匣，走四方去打铁挣钱换饭吃。

我们每到一个地方，人家让我们进院就是有活干，不让进院就得饿着，有活干也就是有饭吃。那时，我年轻也能吃，总是好饿。

给人家干铁活，也不是都给钱，有时就是给口吃的。来到人家大门口，人家如果说"到家吧"，那就是有活干。

立刻，我们就进院推开工具，摆上小炉子，我立刻"呱嗒呱嗒"拉上风匣，炉火就红了。然后人家把要修的件，要打的镐、锄头、镰刀、斧头什么的一说，这边就干上了。还没等到吃晌午饭，我早就饿了，人家家里的把一撂子煎饼端上来，炸的大酱、一筐子大葱，一样一样摆在桌子上，我一见，上去抽出一沓子煎饼，在大葱叶子上一掠，按在几层煎饼上"吭哧"就是一口，咔咔的就吃，两位师傅心里就不愿意了。

他们这是嫌我吃得不像样，不顾稳（土语不讲究，没个规矩和样子），没撸顺过，于是就和爷爷说了，今后不带我了。

不带我，我上哪挣钱，学手艺？这一下，我娘急了，找到我爷爷说："他爷爷，你们外出打铁，咋把二扔下了？他没活干，在家不是学坏了吗？"

爷爷说："唉，不是俺的主意。"

娘说："那是……"

爷爷说:"张老三,李老四。"

娘说:"咋着?"

爷爷说:"他们嫌他吃得多,没撸顺过。说要钱快,怕狗咬,打铁怕火烧,吃饭一碗一碗的!"

娘说:"铁匠,吃得能不多吗?你再给说合说合吧。"

爷爷也没法,于是答应再说合说合。

这一次,娘找了几个土豆子,打了皮,切成丝,炒了几个菜,烫了一壶酒,让爷爷把张老三、李老四找来了。酒席上,爷爷不断给人家倒酒夹菜,娘不停地给人家递烟递水,爷爷趁机会说:"他张叔,他李叔,二他年岁小,不懂事,吃没个吃样,说话不中听,你们就原谅他这一次吧,下回干活,把孩子带上吧。"

张老三一听,瞅瞅李老四说:"带上?"

李老四一听,瞅瞅张老三说:"带上?"

于是爷爷母亲一起说道:"看在他们的分上,就带上吧!"

于是张老三、李老四这才吐口:"那就带上吧。"

就这样,我又跟上了帮。

这以后在外出活,再到吃饭时,我一个拉风匣的要立刻先给人家把桌子摆上,找个盆打来一盆热温水,让师傅们先把脸手洗了,让人家坐下,数一数人数,把筷子给人叫上对,再把煎饼给袁大叔、张大叔、李大叔,一人一张递过去。人家吃,你不能低头吃,要时刻注意人家吃到什么程度了。如眼看人家的只剩下小半张了,要立刻把下一张给人家递上去。等人家就快吃完,你这边吃饱吃不饱也得开始收拾桌子。要把桌子上吃剩的煎饼摆好，葱叶、葱根一堆是一堆，饭布子给人家叠好，等人家来了，用饭布子一包，一提，好收拾（这叫田园地头铁匠的饭园子）。生活不易，铁匠的生活更不易呀。

打铁烤糊了肚皮——不识火候。

这虽然只是一句民间俗语，但其实打铁真的得看住火候，铁匠时时刻刻要听着师傅的吆喝，他有时得喊："小力巴操锤！"这时不管你正在干啥，在 1－3 秒内，锤子就要打在师傅的响锤点上的件上……

炉火化件时，钳子在件上得双叠出一个印儿，大的烧化了，小的直冒油，往砧子上一按，三锤就给贴上了。用响锤猛打，即是叫作找公平。一次干活，我累得正喘气，锤子倒下了（平时锤子必须在我手边立着），这是不行的，所说锤子倒，一是不讲究，不尊重师爷，二是干活的时候也不顺手。谁知道就在这时，只听师傅喊："小力巴，操锤——！"说时迟，那时快，爷爷已经把一个烧红的件按在了砧子上，我一看早已来不及啦，于是把脚在锤子头上一点，"唰"的一声，锤子就自个立了起来。

锤子立地来，就是太君爷把头抬。

我就顺手一握，前后一带，只听"啪——！"的一声，很顺手地，掮锤打了下去，爷爷乐了。这好手法，不耽误活。

平时，不能没件打砧子。砧子不打空，那是祖师爷的脑袋瓜。

平时不敲空响锤，只有在"开锤节"或集市上时，一下一下拉风匣、炉子、砧子，摆在道边，人们该"叫锤"了。叫锤，就是用锤子在砧子上一划，"哗——！"

人们就知道铁匠叫活了。

炉火熊熊

爷爷的"叫锤"最厉害。只要他的响锤在砧子上一过，只听"哗——！"的一声，整个集上的人都瞪起了眼睛。大家都知道这是田家的铁匠来了。叫锤声，真个不外传哪。铁匠干活，一听锤声，就知道利不利索。

我这个人，也可能这辈子就为了打铁而生下来的，爷爷的故事和父亲的手艺都对我有很大的影响。这一辈子我就记住两句话，一句是祖上传下的手艺，一句是人活着要为了别人。于是，我也就一步步地走到了今天。我要让我铁匠的响动总能伴随着社会和人的生活存在。

有一天，我正在我的炉子间打铁，有一个老爷子悄悄来到了我的门外头。他是从乡下来的，也是一个铁匠，那年已经八十多岁了。他拄着根棍子，是到他的姑娘家来串门，忽听有打铁声。

作者（右）和铁匠田洪明师傅

他问闺女："有铁匠？"

女儿说："有。一个田铁匠……"

老头自言自语地说："不对。缺点什么。"于是，他就到我的门口来了。他推开我铁铺的门说："你是老田师傅？我是老万哪。我听你的动静了。你得有'响锤'，不然是'力巴'（指外行）。"我听后，大吃一惊。因为我有响锤，可是长时间没用了。因为有时活少，又雇不起徒弟，所以不使响锤。响锤是一种叫人的锤。可以说话，指挥人，指挥徒弟干这干那。响锤可以发出九种语言。叫人，喊人，拿件，翻锤，打边，打角，打项，打花，打卷，往往都是响锤指挥。看来，这个"老万"不是一般人哪！

立刻，我请老人到屋。我说："万师傅，您到屋。"

他进来了，我给他沏上新买的龙井茶，恭恭敬敬地倒上，端上去，说："师傅，还请您指点……"

师傅说："你有响锤吗？"

我说："有。"

他说："有，不用，等于没有。拿出来我看看。"

我立刻拿出七把。他看了看，乐了，说："还真行。但是缺两把弓背响锤……"

其实当年，我有弓背响锤，由于从山里往回运货，在岔路河翻车掉到松花江里，大冬大凿冰窟窿也没捞上来。老万师傅说："有空我给你置上……"说完，他走了。那是2001年冬天的事，后来春天了，也不见他来。到秋天了，也不见他来。后来到了第二年的冬天，有一天遇上了他姑娘，说她父亲"走"了，可是给我捎来了制造响锤的方法——这是一个铁匠的心哪！

直到今天，万师傅留下的响锤制造方法依然日夜记在我的心上，动不动我就打两下，想想"师傅"的话，听听响锤的动静，让"声"永恒地留在我的铁匠铺子门口，也觉得是"师傅"来了。

我的铁匠炉正处在去往乡下城镇的十字路中，炉火一起，铁锤一响，许多人来到门口，站下来听着、看着，思索着、品味着一个铁匠的一生，感受着铁匠文化。这也是我的幸福，我也能为社会表现一下我自己。

有一天，来了一个卖糖葫芦的，说是他家的厕所下水堵了，要我给他打一个井抽子。打完了，他给钱，我不要，他于是给我糖葫芦，说："师傅，拿着！"

我说："我不要。咱们是一个样，都是给别人造福。"

卖糖葫芦的说："可你不能不要，今后我还咋求你……"

说着，他落泪了。我只好接过一串，也掉下了泪，吃了一口。从此，我们俩成了好友。他卖糖葫芦一经过我铁铺门口，就顺门递进两串糖葫芦说："铁匠，拿着。"

我觉得我这一生，就是因为铁匠手艺交了不少老友啊。

铁匠田洪明

有一个小伙，他父亲没了，奶奶没了，由爷爷领着捡破烂擦砖头，他需要一个砖刀子，我二话没说，给他做了。我说，你拿去吧，不要钱。爷爷从兜里掏了半天掏出一元钱给我。我说，这钱你留着给孩子念书吧，我不要了，这刀算送你了。还有一回，一个叫街的人，要打一个"唤头"（剃头用的招幌）。我打完了，他给钱时，我一看，他的手指头五个缺了三个，是个残疾人！我于是也不要了。他应该是一个值得可怜的人哪。

铁匠铁匠，也不是铁石心肠。

铁匠应是一副热心肠。可是，世上的人应该同情铁匠，因为他们干的是铁活，可心灵依然是人的心肠，也是父母所养的人哪。如果有人问我为何这么爱自己这一行，我也觉得奇怪，我舍不得扔了这个手艺，主要是觉得，一块硬硬的铁，烧红了，想出个什么样就能出个什么样，太好玩了……

人，要把这手艺，留在世上。它不单单是"铁"，它是文化。

访谈题记：社会转型期，传统很难消亡

我国正处在传统农耕文明向现代工业文明递进的转型期，传统民间生活正在发生改变，主要是传统生活的生存环境在改变，迫使人对过去的传统要审视，传统要适应新的环境。社会转型期，许多传统文化在苦苦挣扎，这是转型带来的必然结果，特别是原属于农耕文化、村落文化或胡同、街巷文化的那些传统文化，随着城镇化的到来，它们一下子被冲击得无处立足。于是传统在丢掉、改变，或彻底转换成一种新的方式留存下来。这是社会上一般的常规理论。恩格斯在《致施米特》的信中说，"我们在谈论任何一个民族的文学作品，也只能把它放在它所产生的一定的社会历史条件下来观察"。（恩格斯《法德历史材料》第10卷第352页，人民出版社，1960年版）事实上，有许多遗产在这种时候，在特殊地域环境的巨大变型期、转换期却顽强地存在着、保持着。因此不能说某种传统生活在现代社会的转型期一下子便不适应了、不存在了，特别是文化遗产特征不同、形态不同，所以，保护、抢救工作要因地制宜、因事制宜、因文制宜、因人制宜。那些在这个时期存在的遗产，也记录了真正的传统生活。

田铁匠的老家在中原山东诸城一带的魏家庄，从前那里大人小孩都是铁匠。清光绪二十一年（1895），他爷爷田光友三十多岁那年就开起了铁匠铺，从十四岁能拿动大锤子开始，田洪明就正式当上一名铁匠，和爷爷父亲走南闯北，田洪明不但和爷爷父亲学打铁手

铁匠与铁匠铺

艺，他还外出拜师，到许多出名的铁匠铺子里拜师学艺，就是为总结中国铁匠的技艺和绝活，广结天下铁匠能人。到 1971 年，"文化大革命"时，铁匠活不让干了，说那是"资本主义"，可是，他说什么也舍不得丢了祖上的那些工具和手艺。于是他萌生了去东北闯荡的想法，决定投奔早年闯关东来到长白山黄松甸林业局的一个姨父去谋生。那是一个月黑风高的夜晚，田洪明把小炉子、砧子，选了几把响锤、钳子，用一个麻袋包上，自己做了一辆俩车子，把铁匠物件放上，假装外出打工干活，不敢坐火车，偷偷离开埋葬着亲人的故土山东诸城魏家庄，踏上了闯关东之路。

当年在长白山像黄松甸这样的大林业局，山上的斧子、锯，爬

铁匠夫妻

树用的扎子、爪子，穿排用的巴锔子，一切的一切，都是铁匠活，而且，山林里附近林业上用铁件，林区的农耕中的镰刀、锄头、犁铧、镐头，没有一样不是铁匠干出来的，还有家庭用具，牛、马、驴、骡的转环、掌铁，都是铁件，于是因为有了田洪明的帮助，蛟河黄松甸铁匠炉一下子红火起来了。几年之后，长春长青锻造加工厂扩建，田洪明从蛟河黄松甸来到长春。工厂有自己的设备，也用不上自己的老炉了，有人就劝他，老田哪，扔了你那破玩意儿吧，都啥年头了，你还留着。田师傅说，我不能扔，这是俺一家子的传家宝。于是，他把自己的老炉好好地摆放在自家他睡觉的床底下，每日下班都看上一眼，不然就睡不踏实。1996 年长青锻造加工厂黄了。可是他不怕"黄"，他一下子想起了自己在家里久久珍藏着的小铁匠炉，这不正是田家千百年的文化吗？于是，他干脆就在他家的院子里开了个"小炉作坊"，起名"洪明五金旺运加工厂"。他的旺运，其实是指文化的旺运，遗产的旺运，手艺的旺运，历史的旺运。那时他已有了两个儿子，又收了一个伊通来的叫李小子的小伙子，做他的徒弟，从那时直干到现在。长春的大街小巷，都知道二道河子老街里有个田铁匠，活好，手艺绝，什么扁铲、巴路、菜刀、剪子、秤、锁头、斧子、连子、转环、唤头（过去剃头匠的幌子）他都会，于是千家万户的，就谁也离不开他的小铁匠铺子了。这个铁匠铺子，也成了南来北往，大人小孩的观赏场景。每天，他的铁匠铺子的炉火一闪，锤声一响，人们都挤到他的铺子的门口来看热闹，来欣赏铁匠生活的风情和风景，使城市增加了一道亮丽的风景线。他们哥仨，他是老二，人称"末代小炉匠"。在长春，有"末代皇帝"，如今又有了一个"末代小炉匠"。

但是现在，他的存在，已与现代的城镇生活形成一种矛盾，小区需要"静"，不能让他"开炉"打铁，平房需要拆，不能留下这块作坊，可是他又一点也舍不得丢弃他的物件和手艺。平房的人，要搬进高楼，可牛、马挂掌不能牵上高楼。他与社会的矛盾其实是他的技术和技艺应该留存在一个固定的空间里，一个是农村，一个是城乡接合部，而不应该是城镇小区。开始我想，要解决这个矛盾似乎也容易，只要找一间房子，把他祖传的老物件、老工具挂在墙上，摆在地上，建一个城镇民间铁匠博物馆也就够了。但是这样做，表面上文化留住了，传统却失去了。

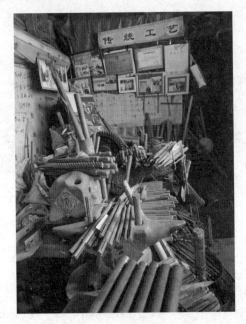

铁匠铺

　　因为传统在生活中，其实是一种扩大的活态的文化。在现代社会转型期，以博物馆的方式可以留存住一些传统，但那只是记忆性的，物态的，或者只能从死的物件上去记载传统。这等于是现代人眼瞅着传统在你的眼前丢掉和走失。那么，还有什么办法和手段能留住这就要丢失的传统呢？其实传统是需要环境和地域的。

　　在认真思考传统如何适应新的地域和环境时，我想起冯骥才先生说过的一句话："传统的生动是留住传统的重要因素。"（冯骥才《乡土精神》第 148 页，作家出版社，2010 年版）而郑振铎先生在调查中也认为"真正的好文学作品，恰恰产生与文人与民间相接触的那种状态"。(《郑振铎文集》第231页,中华书局,1972年版)如果我们不能在现代社会生活的转型期找到传统可以存在的条件和因素,不能发现传统立足于一个新的环境的必要性,那么,这种传统的消亡就是正常的,也是必须的,留住它也只是在博物馆中便可以了,但现在我们考虑的是能否留住这种传统在现代时期,在生活中,并让社会认知传统的生动,这才是在城镇化的时代它的活态传统,那么,找出传统的"生动"和发现"传统与社会接触时的形态"就是重要的条件了。

留住传统,特别是留住活态的传统,生动的传统,并使用传统,继承传统,必须要使传承传统的传承者自身有积极性,"不论发生怎样的影响和变化,从总体来说,下层(民间)文化虽然有其惰性,但它从来是生生不息、富有活力的,而且至今依然有其较为独立的品格和体系。多少民俗学家和文化人类学家的调查,已经证明了这一点。抛开或忽略下层文化,特别是多民族的下层文化及其交流与融合,忽略中国传统文化的整合,去谈论和研究中国文化史,越来越显示出其研究的片面性和保守性"。(刘锡诚《三足乌文丛·总序》第3页,学苑出版社,2001年版)

首先,田铁匠是一位突出的铁匠手艺传承人,在生活中,这位铁匠有许多独特的手艺,人们非常需要,而他,人缘特好,谁家有个大事小情,他都会亲自上门,并以自己的铁匠手艺去帮助别人。他每天着魔似的鼓捣他的物件,总想要"打铁"。其次,他有天才的创造意识和智慧。我们发现,只要让他打什么,他竟然可以如剪纸

铁匠工具

一样，只要点上炉火，便可以打制出任何一件我们说出名的东西。我曾经试他的智慧。因现在每到清明，家家为故去的亲人烧纸，要先在纸上打上"印"，这种工具叫"纸篾子"，但市面上没有卖的，人们也不会做，但他会。他很快就能打制出两种"纸篾子"。而且告诉我们，一种圆的是给近处的人烧纸时用的，如故去的亲人在外地，就用两边开个小口的那种"纸篾子"，说明可以将信、钱送到远方；我还提起从前矿上挖煤矿工用嘴叼的一种"灯虎子"，然后腾出两手去背筐爬坡，他竟然很快制作出这种铁鼠子，鼠嘴上还有胡子，两只爪拳着，是灯捻，十分生动逼真。这叫人惊叹，他真是一位杰出的民间艺术家。传统传承人的特征包括他传承传统的完整性、创造性。他就是这样。再次，他有传承传统的主动性。主动性是一种完成使命的渴望性，是我们选择保护传统传承人的条件。复次，他有

138

传承传统的自觉性，这种行为表现在文化上也是对传统精神的肯定。社会学家费孝通先生在晚年提出一个"文化自觉"的命题。他说：文化自觉是指"生活在一定文化中的人对其文化有'自知之明'，明白它的来历、形成过程、所具有的特色"，"跨文化交流的基础，就是从认识自己开始"。（费孝通《文化的生与死》第203、210页，上海人民出版社，2009年版）田师傅对文化的坚守体现的就是主体的自觉，他的这种发自内心的自觉与对传统环境的形成成正比。文化自觉使传统顽强存在。最后，传承环境对他的认可。目前和眼下，这个小区处于城市向市外过渡的边缘，也住着一些与城乡来来往往的人家，事实上，一些人家还需要这种工匠的存在，这种手艺的存在。

他所具备的对铁匠手艺的爱，使他杰出的民间文化遗产传承人的资质得到了认证。他心底的能力，还没有得到深刻的挖掘。他这样的民间生存传统传承和手艺持有者的身份，还没有得到社会的认知。社会转型期，社会传统最易丢失，我们要努力去挖掘和认知新的环境需要传统的地方。

同时，他所传承的民间技艺并不是转型后的社会和时代不需要，而往往是社会和我们主观上认为不需要了。所以，还要进一步挖掘现代社会对他传承人的技术的认知度。这时我们发现，当代社会和如今的城镇生活中，每天依然有诸多居民、企业、工地、文化艺术家、公共服务部门还在找像田铁匠这样的人，许多生活、生产中的工具在商店和一些部门买不到，往往还找他去恢复，而有些文化馆、博物馆也希望他能让那些曾经存在过的现已消失的老物件重新出现在人们生活中，什么犁杖、偏车子、轱辘、绳车子、阉猪刀子、打马印子的烙铁、老锯、斧子等，甚至各种表现人们思想和记忆情感的"镰刀斧头"、卡钳、挂钩、通条、唱片，一切的一切，只要你能提出名，或能描绘出样子，铁匠都能按你的想象去完成。这其实已证明了他传承传统的能力，也说明，生活是需要这些的，这其实是转型后的传统的新生和转换，这不同于传统的自然消亡。

传统的新生其实延续了传统的存在过程，新的传统其实是在转换时以一种必须的存在因素完成了转换和嬗变，它是不以人的意识为转移的，但新的传统一定要具备社会的需求和传承传统人自身的能力。另一方面，就是观察和验证传统的环境是否需要这种传统。在这两个问题上，其实田铁匠和他生活的城镇小区完全构成了这个传统可以存在的理由，这是转型期留住传统的重要条件和特征。

传承人传承传统的能力，又要与转型后的社会形态相适应，这是传统转换与嬗变的必要条件。大多数时候，不是转型后的社会不需要这个传统了，而是传承传统的人本身没有传承传统的热忱和能力，二者缺一不可。于是，传统走失了，消亡了。如果社会生活不需要这个传统，传承人再有热忱，再有能力，他所传承的传统也会流失；如果传承传统的人面对的是一个不接受这种传统的地域环境，那么往往是传承人改变自己的存在，或离开这个环境、地域，渐渐地丢掉自己的传统。我们所处的时期正是这种传统互替时期。

传统能在现实生活中存在的因素缺一不可，但寻找和归集现代生活中的传统和因素一定要时时注意掌握舍弃与保留。"今天我们还能搜集到与民族文学有关的一些古老的风俗，从科学研究工作来说，这确是难得的文化财富。"（贾芝《马克思恩格斯列宁斯大林论民族文学·序》，段宝林选编，第3页，中国民间文艺出版社，1990年版）人类的每一项生存和生活传统"都有过自身的辉煌，只是被埋没在历史发展的长河中了。事实上，它也有产生、发展、没落的历史过程，而且它与人类的早期文明有着密切的关系"。（宋兆麟《巫觋》第6页，学苑出版社，2001年版）生动的田野和社会生活实践往往是来自田野生活和社会生活的许多对应层，也就是遗产的活态性。可是在生活中，许多活态的细节往往隐藏在普通生活的过程中。作为田野文化工作者，稍不注意，它便会消逝，只有寻找到那些生动的传统和它能存在的背景，文化才能被传承下去，保护下去。如城市铁匠的全部手艺、技艺，也不是全部继承，要有所舍弃与保留。

过去，没有铁匠不行，现在在城市化中，它的生存空间已经很小了，工业化已经逐渐替代传统手艺了，它的存在已经不符合生产力的发展需求了，城镇化已把这种文化挤到时代的夹缝中去了，它在村落文化中的地位已经发生了彻底的改变。面对这样的现实，我们不得不舍弃它在城镇化中的影响和地位。

第一，未来的城镇发展需要保护生态环境，必须要对铁匠作坊所产生的烟尘、粉尘、废料、废液进行限制，铁匠土作坊已不宜存在；第二，未来的生存环境，特别是社会居住环境的要求越来越趋于宜居化，趋向于安静、宁谧，铁匠作坊的锤声将被限制；第三，

田铁匠打制的铁器

铁匠作坊的功能与社会生活的需求逐渐分离，单件打制已满足不了批量需求，生产速度也跟不上城镇需求的快节奏。这些，都是需要我们必须做出选择的。

但是，农耕文化、森林文化所传承下来的这种铁匠作坊在城镇化的进程中又有自己的独特作用，它有任何传统所不能替代的优势。比如作为铁匠千百年来所创造的传统文化，那种有久远的自然、历史、民俗文化功能的技艺知识依然是今天传统生活所急需保留的。比如铁匠的锤声，有必要在生活中留下这种久远的响动，可以在城市的六一儿童节和五一劳动节举行"响锤节"，让孩子和城市的人们去听一听铁匠文化的久远呼唤，引起人们对劳动创造者的尊敬和对曾经存在的文化遗产的思念。所以，城市的铁匠文化节可以成为由农耕文化向城镇化转型时期对传统文化实施保护的重要举措，也留住了文化与生活的形态和传统的生动。现在，生活中正在形成"铁匠文化"小区，让它存活在这里的生活中，并定期举行铁匠"响锤节"，让城市去感受这种文化的生动与丰富。实际上，一种新的城市生活传统也在悄然形成。据调查，市区二道民丰街六组的刘老太太（七十三岁，孤独一人生活），她希望铁匠定期给她焊一焊大马勺；市区乐群街三组的盲人张丰，希望田师傅定期给他修一修"拉棍"，以保证他外出方便；市区乐山乡建筑工地王永明爱使田师傅的"砖掐子"（码砖时的用具），他说，自己使顺手了。其实，现代的生活，城市的街区，依然渴望民间铁匠作坊的存在。

对田铁匠在城镇化的环境中保持传统的调查，极大地启发了我们对传统的认知，也对这个时期民间文化工作者和非遗保护工作的责任有了深刻的了解。其实我们的调查正是在促使田铁匠的生活与城镇化环境的融合与统一，并让遗产魅力四射的光芒不减，绚丽继续。其实无论是城镇化还是转型期，传统很难消亡，社会的发展与遗产的存在并不矛盾，无论环境怎样变化，其实传统还活在生活里，因为传统是人的情感和习惯。它依据自己的规律和特征存在。问题是要走进遗产，分析遗产，做使遗产与生活交融与靠近的工作，让我们的生活保持自己的丰富性、多样性，让遗产更多地留下来、活下来，这才是我们的使命，也是人类文化遗产工作者共同的行为。

第四章
铁匠传奇

一、铁匠世家

在中原山东，在诸城一带的魏家庄，大人小孩，都是铁匠。

一户人家，姓田，祖祖辈辈也都是铁匠，到田光友这辈，那打铁的手艺可以说是炉火纯青了，而他家最拿手的铁活就是打铁锅、大勺。锅勺在民间，那是家家户户都得用啊，所以南北二屯到他家来买锅买勺的人很多。

买锅、买大勺要先订货。

锅论印，印，就是大小的尺码。来人到了铁匠炉买锅，往往喊："师傅！俺要六印的……"

"师傅！俺要八印的……"

然后，还要告诉铁匠什么时候取货。铁匠师傅往往在自家的墙上画出道道，标明某某屯，某某人家，谁订的多大锅，何时来取货。锅这种东西，虽然家家用，时时用，但锅不易坏。一家往往几年，十几年，甚至几十年也用不掉一口锅。有时，可能铁锅裂缝了，那就找锔锅、锔碗、锔大缸的"锔匠"给锔上就行了，锔锅的巴锔子也是铁匠打制的物件。而有的铁匠，也会锔锅。田光友就会。

　　而当铁匠的，不光要在本地开锅匠炉，他们时时还要挑起烘炉挑子出去走四方，这叫"打跑箱"。打跑箱，就是下乡走村串屯去打铁件活，这是为了方便村人，省得一些农人，特别是偏远乡屯的人家想买口锅，想锔个锅，想修把镰刀、锄板、斧子什么的还得专门跑到城里来，费时辰，所以铁匠的下乡，方便别人，自己也能揽上活。这种打跑箱，可以说是一举两得。

铁匠父子

　　可是，万万想不到，就是这种好心肠，却酿成了一场大祸。

　　清光绪二十一年（1895），田光友三十多岁那年，和父亲一块出屯子去一个叫桥沟屯的地方打跑箱。父亲挑着凳子和小烘炉在前边走，他背着五品"样子锅"跟在父亲后边，父子两个高高兴兴地下了乡。"样子锅"就是货件的样品，就像今天说的"招幌"，田家背着"样子锅"，就是说他家打制锅最拿手，最地道，不信你看，人家背来了。

那铁锅"样子"就在人家身上背着呢，你也可以定做，也可以选现成的。那时，田光友年轻力壮，背上五口铁锅走南闯北，连大气都不出。可是，他们万万想不到，一场灾难正等着他们。

原来，他们走的桥沟屯是个大村，这个村有个姓石的，他在这一带专门给人测字为生，谁家有个大事小情，都来找他帮忙，他也算个热心人，谁要求他，有求必应，在这一带很有威名。那时村子里有个大户人家，也姓石，可能先世和这个测字的石先生是本家，有事必来找他。这个老石家有个闺女，叫凤丫，那年刚刚十七，自己住在一间房子里，可姑娘和家人都说，每天一到太阳压山的时候，就见从东南方刮来一股风，刮开闺女的门就进去了。这样天长日久，这个闺女就面黄肌瘦，身子骨挺虚弱，找了许多先生、郎中看，也不见好，吃什么药也不见效。于是老人就说了，找本家石先生给测测，是不是命中就该有这么一劫，如果测出事来，给孩子改改名也行啊。于是老两口骑上驴就来到了离桥沟屯五里地远的汶口村去找正在那儿游走的测字石先生。

见了石先生，老两口将闺女的病一五一十地说了一遍，又加了一句，"看来，孩子的病是遭了邪……"

邪，在农村，就是指是什么给"迷"住了，一般农村都是指什么狐狸、黄皮子、大耗子等放出邪气，使人神志不清所经常出现的现象。石先生听二位老人一说女儿的症状，就推断说："这是一种妖气缠身，光吃药是不行的！"

老两口说："是啊，我们给闺女吃了不老少药啦，就是不见好。那可怎么办呢？"

石先生说："有办法。"

老两口说："有办法，你就快说吧！"

石先生说："要'震'。"

老两口吃了一惊，说："震？怎么个震法？"

石先生说："找十二个童男，十二个童女，男的一人一个鼓，女的一人一面锣。再就是准备一份子香油，把棉袄搓成鞋底子当灯捻，浸在里边。再找一口新锅，没使过的，把闺女扣在里头。把一切都弄好了，我就自有办法了。事不宜迟，现在就得办！"

铁匠一家

老两口一听，有点为难地说："先生，别的都好办，可这新锅，那就得上诸城去订！"

正说着话，就听外头村口传来"叮叮当当"打砧子的响声，又传来"打跑箱"的铁匠的喊声："铁锅……！铁锅……！"这是铁匠揽生意的响动。

老两口一听，一惊，乐了。

石先生说："忙什么？你看看，这不是铁匠来了吗？"

于是，三人急忙出门迎了出去，果见田家父子正背着铁锅，挑着铁炉子走来。老两口把先生的主意对铁匠一说，田家父子说："咳，这还用说吗？铁锅是有，自家产的，你家办这么大的事，就送你们一口，自个儿挑吧。"

于是，石家从田光友背上挑选了一口大的，就抬家去了，田家父子也就往别的村走了。法事在当天晚上就开始了。

这家人家吃完了饭，就用灯芯子把灯油点着了，把童男童女们藏在柜后边。阴阳先生石师傅在旁边，用脚蹬着锅沿，这样，虽然点着灯，但远处依然看不见灯光。为了让这些小孩都能藏在柜后，石先生以一块黑布盖在锅下，让生病的闺女坐在下边等着。

这时，天渐渐地黑下来了。突然，南边刮起一阵风，风一起，闺女就犯病了。石先生当时用脚一踢，只听"当"的一声，他就踢翻了锅。灯一亮，只见十二个童男童女就一起从柜后出来敲锣打鼓。这一下，也真灵，就见那风从窗户这头进来，又从窗户那头出去了，闺女的病一下子好了。这一下子，石先生可就出名了，被人称为

"石敢当"，谁家有个疑难杂症，都找石敢当去治。可是，石先生也说，我治可以，但得铁匠老田家的家伙，锅、勺、锤子好使，他家打造出的铁活，有响头，能驱邪，能震住。这一下子，诸城魏家庄一带老田家铁匠炉的生意可就火起来了。

二、章丘锤声

可是，由于当时田光友和父亲炉子上打的锅是送给那家治病作法事道场用的，又传出，田家的铁件，锅、锣、锁、秤、合页、镰刀、锄头、犁杖什么的都好使，避邪，可是不能要钱，得田家送给对方才好使，但田家的生意也不是无本买卖，材料、炭什么的，都得花钱去买，不能不要钱，这可怎么办呢？田光友是个善良的人，他对儿女们说，这都是乡亲们信得过咱们，能不要钱的，就尽量送给有法事的人家。而那些办事的人家呢，用了田家的铁件，也是过意不去，有时也给钱，或给物，粮呀，衣服呀，吃的，蔬菜什么的，一来二去，一些铁铺人家就嫉妒起田家来了，并传言，老田家这是抢咱的生意！人言可畏呀！田家实在没办法，于是田光友就萌生了搬家的想法。

那时，诸城的铁匠也多，这一年，田家一家人就在一个初冬，偷偷地告别了魏家庄，搬到了章丘一个乡下。

可是，事情还不算完，许多人家一"办事"，首先想到的，还是田家铁匠铺。还传说，老田家的铁匠炉——老君炉会显灵，世上奇事，怪事，非他家的铁炉烧出的铁、打出的件不好使，人们还是处处追踪而来，弄得田家不得消停。他家不得安静不说，其实这也得罪了许多铁行伙计，人们甚至更觉得老田家夺了他们的手艺，这一下，可使得田老爷子为难了。

说起来，田光友这一辈子，就是一个老实巴交的人，这可怎么办呢？于是，他想到了自己的师傅老苏头。那年，师傅老苏头已经八十多岁了，已打不动铁了，田光友找到师傅，把自家的情况一五一十地说了一遍，问他该咋办。师傅说："其实人家说咱家的铁件有灵，避邪，那是好事……"

田光友："好事？"

苏师傅："对呀。这是承认咱的活好，手艺好。"

田光友："可现在，有口说不清。"

苏师傅老爷子说："能说清。想起来，之所以地面上都爱用你的手艺，还不是你造的物件真的好吗？这都是因为物件透亮，这是咱的锤法好，响锤打得亮堂。咱们就开个'响锤节'，让各村铁匠都来，说是比响锤，让南北二屯的乡亲们都知道，其实铁匠的响锤是一样的，避不避邪那只是自己的理解。这样一来，误解不是化解了吗？"

田光友一听，觉得这个主意好，因为他再也搬不起家了。旧时有一句话，叫作："搬家穷，搬家穷，越搬越穷；穷搬家，富修路。"为了不影响别人家的活计，他已经搬了好几次家了，再也搬不起了。

于是，田家在苏师傅的指点下，决定在章丘乡下一个集市的大集日子里，举行民间铁匠"响锤节"，让当地一些铁匠都到集上"比锤"，意在告知天下，铁匠的锤法是一样的，都能避邪，都能驱邪、聚福、吉祥、红火。

先是由苏师傅出面，师傅和田光友二人去拜见石先生。

那时，诸城的石先生已是出名的治病大师，每天来来往往请他去作法、去避邪病的人很多，他听说田铁匠搬到了章丘，也是很犯愁，这样一来，他的生意也受到了影响。于是，苏老爷子领着田铁匠来拜见他，说明其实天下的铁匠物件都避邪，因为那是靠锤打、靠火炉炼出的，这就有了"阳刚"之力，并让他帮助在章丘举行"开锤节"，让他也出面，以解天下人的误会。

石先生一听，当即就答应下来。石敢当先生也觉得是这么一回事。

那一年，山东章丘老集的"开锤节"很是出名了。

消息传开，整个山东章丘、诸城、莱芜、千佛山，甚至平度、开平一带的铁匠都来了，那真是铁匠云集的日子。在老集上，集市的一头突然出现了上百家铁匠炉，这可真是百年不遇的新鲜事。人们奔走相告，所以连章丘县衙的县太爷也觉得有趣，叫人用八抬大轿抬着，他也来看热闹。仪式由石师傅和苏师傅主持，开头锤的当然是田师傅啦。

只见老田家铁匠手持一把长钳，顺手从炉子里拽出一个烧得通红的件子，一下子按在了砧子上。旁边，上百家炉子铁匠也学着田师傅的样子，从炉子里钳出一个红铁件，一下子按在了砧子上。这时，就见田光友和徒弟操起响锤大锤，在苏铁匠的口令下，"叮叮当当"地打制起来。

你听吧，整个章丘大地，一片铁匠的响锤声。"叮叮当当、叮叮当当……我当铁匠、我当铁匠，叮叮当当、叮叮当当……不当不行、不当不行。叮叮当当、叮叮当当……那就当吧、那就当吧，叮叮当当、叮叮当当……天下太平、天下太平……"这种响声，地动山摇。

接下来，石师傅上前说明，所有铁匠只要打起"响锤"，唱起"响锤歌"，所有的铁件，就都有灵，就都避邪了。

也就是从那以后，每当乡下、村屯各地大集，都有铁匠把小火炉挑到集上来，把砧子摆在道边，一划砧子"嗡嗡"响，称为响锤大集，铁件现打现卖，称为"响锤活"，人们这一回，也就不单单依赖田家了。这也终于让田光友松了一口气。

那一年，苏师傅"老"（死）了，田师傅和石先生一起给他送了葬。

后来，老铁匠田光友把他的绝活传给他的儿子田文三。

一个铁匠接老辈的手艺，主要是接四大样：

炉子，锤子，钳子，砧子。

这四大样，都是田家的祖辈老物件。

后来，田光友又回到了诸城，当时从章丘过来，始终背着这老四件，特别是那小炉子，风匣，爷爷和父亲走到哪背到哪，舍不得放下。就在田洪明七岁那年，父亲田文三不行了。有一天，他把儿子叫到跟前，说："儿呀，爹要不行了，可你们哥儿几个记着，今后无论走到哪里，这四大样，不许给我丢！有了它们，咱家就饿不死，因为天下人离不开铁匠啊……"

三、闯关东

田洪明从小拿不动大锤拿小锤，拉不动大风匣就拿把小扇子帮爷爷扇炉火，在他幼小的心灵里，田家的铁匠炉里，总有爷爷和父亲的身影。记得父亲咽气的那天头晌，父亲对家人说："把炉火点着，把风匣拉起来，把响锤敲起来，让我听听咱家的锤声再走……"

当时，大伙谁也不敢落泪。

于是点上炉子，拉起风匣，敲起响锤，送父亲上路了……

这，就是铁匠的一生啊。

记得从十四岁能拿动大锤子开始，田洪明就正式当上一名铁匠了。和爷爷走街窜巷，四处"找活"。当年所说的"找活"，其实就是一家一户地谋生计，田洪明的父亲过世后，家里的铺子停了一段时间，没人教他了，洪明不但和爷爷学打铁手艺，他还外出拜师，到许多出名的铁匠铺子里拜师学艺，就是为了总结中华民族这铁匠的技艺和绝活，广结天下铁匠能人。但无论走到哪儿，他都挑着他的小炉匠挑子，进了铁匠铺，先是一伸手，一抱拳，伸开掌，跷起一个大拇指。

啊，对方明白了，这是说明自己是铁匠行的，从前干过。

于是对方师傅问："是在家艺，还是外来艺？"

田洪明说："姓田，在家艺。"对方往往大吃一惊接着问："啊！是不是田光友的后人？"

田洪明自豪地点点头，说："那是俺爷……"

立刻，对方收下他，并高看一眼。因为在诸城，在章丘，在山东一带，一提起田家铁匠，谁不知道哇。就这样，田洪明从十几岁开始，就吃铁艺饭，挑着小烘炉，走四方了。

走到哪，拿个"响锤"一晃，或往挑子上的砧子上一划，只听"嗡——！"一声，人都来了，生意也来了，也有饭吃了。

到 1971 年，"文化大革命"时，铁匠活不让干了，说那是"资本主义"，可是，他说什么也舍不得丢了祖上的那些工具，干别的，又不会，别的什么"手艺"也没有，眼看着自家的铁匠手艺要失传了，怎么办呢？田洪明想，绝不能让自家的手艺丢了，山东不行，我往北走，走得远远的，也要留下这些古老的玩意儿。于是他萌生了去东北闯荡的想法，他决定投奔早年闯关东来到长白山里的一个姨父那儿谋生。

那是一个月黑风高的夜晚，田洪明把小炉子、砧子，选了几把响锤、钳子，用一个麻袋包上，自己做了一辆偏车子，把铁匠物件放上，假装外出打工，干活，不敢坐火车，偷偷离开生活了二十多年，埋葬着父亲的故土山东诸城魏家庄，踏上了闯关东之路。

他用铁匠的步子去丈量北方的土地，一走走了四个月，最后来到了长白山蛟河的黄松甸。一路上，饿了，累了，他就依照老习俗，在乡下的村屯集市上，支起他的小铁炉，一会儿炉火就红了，亮了。他于是操起响锤，给人家打把菜刀、剪刀、镰刀、锄板，对对付付的就有了盘缠，他也记住了父亲临终前重复过的爷爷的话，到多时也别丢了田家铁匠的手艺，天下人离不开铁匠啊。

在长白山蛟河的黄松甸，他找到了在当地当会计的姨父，姨父一看他背来了铁炉子，就乐了。说："洪明啊！你真行，看来老田家这祖辈的玩意儿没丢哇，干脆，你和老赵头一块开个铁匠铺，给生产队和林业局打件吧……！"

那时，姨父所在的黄松甸是个大林区，村子和林业局正缺铁匠，于是，田洪明就去投奔当地出名的老铁匠赵明昌。

在姨父的引见下，田洪明买了四盒礼，去拜见赵明昌老铁匠让他收徒。那年，赵明昌干铁匠已经一辈子了，七十多岁了，腰也弯了，活计也多，正是缺下手。一见来了个年轻的铁匠，又听说在山东就是出名的世家，还千里迢迢地背着炉子、风匣而来，他被感动了，心里想，咱长白山里，就缺你这样的人，一下子就决定收下他了。

为了试试田洪明行不行，赵师傅没说收他，也没说不收。只是听姨父一介绍，老头就喊："操锤……！"

田洪明聪明，他先是一愣，接着二话没说，跳下炕就和师傅进了炉子间。只见老赵师傅顺手从炉子里拽出一把烧红的镰刀来，又喊："锤子……！跟上……！"

就听田洪明答道："师傅……！点着……！"

这是"行话"。点着，就是指你的小锤（响锤）只管指挥，我会按着你的"响锤"指点，跟你走，往"点"上打。

师傅一听这小子懂啊，于是小锤"叮当"，田洪明的大锤"当当"地跟着，不一会儿，一把镰刀打出来了。

铁匠行有自己的规矩，师徒干活不说话，说话费力气，要以锤子去对话。拿小锤的是师傅，拿大锤的是徒弟。师傅往哪点，大锤立刻跟上才行。

赵师傅擦了把头上的汗，点点头说："你把行李背下屋去吧。"

这，就算收徒了。如果说，你把行李背走吧，咱这暂时没地方，那就是不收你。看来，这是田洪明的品德和手艺使老师傅服气了。

当年在长白山像黄松甸这样的大林业局，山上的斧子、锯，爬树用的扎子、爪子，穿排用的巴锔子，一切的一切，都是铁匠活，而且，山林里附近林业上用铁件，林区的农耕中的镰刀、锄头、犁铧、镐头，没有一样不是铁匠干出来的，还有家庭用具，牛、马、驴、骡的转环、掌铁，都是铁件，因为有了田洪明的帮助，蛟河黄松甸铁匠炉一下子红火起来了，从那年开始，田洪明就成了一个名副其实的东北铁匠成手了。

四、最后的铁匠

铁匠出了名，媳妇有人给呀。也就是在这一年的春节，他回到山东给父亲去上坟的时候，被人家邻屯的一个姑娘叫王贞房的奶奶看上了，让自己孙女给铁匠做了媳妇，他于是领着媳妇回到了吉林长白山黄松甸。

黄松甸，白石山，红叶谷，黑木耳，在这一带，山水就都带着鲜明的颜色。

当时，丈夫打铁，媳妇就进山采山货、松籽、蘑菇，也有时到铁匠铺帮丈夫和师傅打打下锤。其实，铁匠的妻，就是半拉铁匠，这话一点不假呀。

几年之后，铁匠有了自己的子女了，但他一直想自个独立干个铺子。这时，在长春的弟弟田洪亮给哥哥捎信说，长春长青锻造加工厂正在扩建，缺人，你不是总想发挥一下田家的手艺吗，你干脆来当锻工吧。他一想，也就同意了。那一年，铁匠田洪明从蛟河黄松甸来到长春，在长青锻造加工厂当上了一名工人，给汽车厂打零件。工厂有自己的设备，也用不上自己的老炉了，有人就劝他，老田哪，扔了你那破玩意儿吧，都啥年头了，你还留着。田师傅说，我不能扔，我舍不得呀，这是俺一家子的传家宝。于是，他把自己的老炉好好地摆放在自家他睡觉的床底下，每日下班都看上一眼，不然就睡不实。

1996年长青锻造加工厂黄了。可是他不怕"黄"，他一下子想起了自己在家里久久珍藏着的小铁匠炉，这不正是在等待着他吗，这不正是田家千百年的文化吗，祖先的创造，如今一下子派上用场啦。于是，他干脆就在他家的院子里开了个"小炉作坊"，起名"洪明五金旺运加工厂"。他的旺运，其实是指文化的旺运，遗产的旺运，手艺的旺运，历史的旺运。那时，他已有了两个儿子，又收了一个伊通来的叫李小子的小伙子，做他的徒弟，从那时（1996年长青锻造加工厂黄了之后）直干到现在，长春的大街小巷，都知道二道老街里有个田铁匠，活好，手艺绝，什么扁铲、巴路、菜刀、剪子、秤、锁头、斧子、连子、转环，包括人上坟时打烧纸的"纸镊（篾）子"他都会，于是千家万户的，就谁也离不开他的小铁匠铺子了。这个铁匠铺子，也成了南来北往，大人小孩的观赏一景。每天，他的铁匠铺子的炉火一闪，锤声一响，人们都挤到他的铺子的门口来看热闹，来欣赏铁匠生活的风情和风景，使城市增加了一道亮丽的风景线。

田铁匠只有小学文化，可他擅长写，总是练写，他总想把心里想的、祖上一辈子传下来的历史写下来、记下来，让更多的人去了解铁匠，也想让人同情铁匠。他常说，铁匠表面是硬汉，可他们的心都是脆的，弱的，也是肉长的呀。对于社会上的人，谁给他一点好处，他就受不了。特别是，他爱铁匠这一行，爱得要命，那些铁具、铺子、炉子、砧子，比他的命还珍贵。

他们哥儿仨，他是老二，人称"末代小炉匠"。在长春，有"末代皇帝"，如今又有了一个"末代小炉匠"。他投了好几位铁匠高师，除了黄松甸的老师傅之外，他又投了赵绪仁（长青锻造厂的老师傅）以及沈阳大力奖章厂的老师傅为师，他是见谁有手艺，就去投奔，于是，什么打转环、电焊机、打砧子、剃头的"唤头"什么的奇怪物件，他都会。可是，再会，也有不会的东西，因为人间万物，有多少是铁件可以打制出来的，他也数不清、搞不清了，只有当用时，来找他，问他，可他从来没让人失望过。只要你能说出名，说出用途来，他就能打出来。这是一个神奇的铁匠。可是唯有一样——"响锤"，是他一生都在努力追求的手艺。

响锤，代表着铁匠一行的绝对手艺。响锤就是铁匠的"嘴"，它要时时在"说话"，在表达！所以做这种"响锤"，必须在土上能打响才行。这是铁匠心灵和手艺的融合。

有一天，他正在打铁，在他铺子门口，一个老头站在那里听，两个小时不离开。他是一个打了一辈子铁的"炉匠"，姓万。最后，他站在门口问田洪明："你打多少年铁了？"

田洪明说："四十多年了。"

那老人说："四十多年了，没有'响锤'吗？"

田洪明一听知道了，这是"内行"来了。因为他知道，当年父亲一死，他推着火炉、风匣往东北走，就是响锤没带来。也是想留下响锤在诸城，给家里人换"饭"哪！那是田家的绝活儿手艺。而这些年，由于忙，再加上当工人，所以"响锤"的事也就放下了。自己开铁匠铺，也打制了几把"响锤"，可是动静还是被"内行"听出来了。于是他把自己在老家和闯东北来的历程一五一十地对那老头说了一遍。又试探着说："老人家，我是做了几把响锤，但总觉得没有老家的响……"

老人点点头，又说："这就对了。记住，一个铁匠，没有像样的响锤，出不了门。没有响锤，只是一个跑勤的，是外道码，不算是一个铁匠成手啊。好吧，我明天告诉你咋样打响锤。"说完，老头走了。

老人的这句话，让田师傅一宿没睡着。

第二天，老人来了，他对田师傅说："打响锤，要在火车道轨上，在道轨上冲锤眼，冲四分之一的深度。冲多了，不响了；冲少了，不亮了……冲时，心里要叨念——铁匠！铁匠！俺是铁匠。天下相争，这有一行；天下太平，有这一行……"

"为什么呢？"

老人说："你自己想吧。反正，打好后，要先在暄土地上打一打。"

"往土上打？"

"对。"

"为什么呢？"

老人说："你自己想吧。往土地上一打，有回音，就成了。没回音，就不成……"

说完，老人走了，从此再也没来。

老人走后，田洪明按着老人的指点，到长春通往大连的中东铁道老道轨上，在夜深人静时，在人们都睡的夜晚，当天上的星星都出全了，大大的月亮也升起来时，他一共冲了七把响锤。他回来后又将这些锤在土上打，一边打，一边想着老人的话。但只有一把成功，出声。终于成功了。

响锤，响锤，铁匠的魂灵，响锤不能只打在砧子上，要打在土上也响，这才是好响锤。好响锤在土上也越打越响，能传出三四里地。这是铁匠儿子的灵气。

灵气，灵光，铁匠的肠，没事千万别动响锤。它如萨满的神鼓一样。

160

就像人不能随便敲打祭祀的神鼓一样。声音，行业人的声响，那是一种古老的呼唤，能走向远古，能召回人类历史的久远存在；那是祖先在审视人，只有做好一切准备，才能召回祖先来审视自己。

田铁匠说，他每次敲响"响锤"，都能听到他的铺子里有人在说话：

找找平……！找找平……！

找找平……！找找平……！

找不平不行……！找不平不行……！

不行怎么办……！不行怎么办……！

猛劲地打吧……！猛劲地打吧……！

打就打吧……！打就打吧……！

于是，在锤子的不停敲打下，在炉火的呼呼燃烧下，一个世界就这样诞生了。一个故事就这样延续了，传承了。于是人，在这个世上，就这样活下来啦。

原来生活，是铁匠的热土啊。

在老长春那泥泞的二道胡同里，一个铁了心的人在日夜守望着一种传承，一种久远的传承，也许，他和他的手艺离城镇化、现代化越来越远了，可是这个人——铁匠的故事，却越来越贴近人心，成为人类社会一种无法割舍的情怀。也许，这就是这个文化应该留下来的价值……

一、铁匠故事

（一）铁匠祖师太上老君

先前，各行各业都有自己的祖师，据说打铁的祖师是太上老君。

传说太上老君打铁时，没有钳子，没有锤子，没有砧子，也没有风箱。他用手夹铁，用拳头打铁，用膝盖当砧子，用嘴当风箱。人们说他是"拳头打铁嘴吹风"。

为了不让妻子看见，太上老君总是到外面去做活，中午回家吃饭，吃完再出去。妻子见他跑得太累了，就对他说："你别来回跑了。你在哪儿做活告诉我，明天我给你送饭。"

太上老君想了想说："不用了，我不累。"可是妻子非要送不可，一定问他在哪儿做活。没有办法，太上老君就说："在西门！"

第二天，妻子挎上饭篮，便上西门去了。到了西门，左找右找，没见太上老君。其实太上老君去了东门，妻子没办法，把饭挎了回来。

晚上，妻子又问太上老君："你明天在哪儿做活?"太上老君说："在南门!"

第二天，妻子挎了饭篮，上南门去了。到了南门，左找右找，又没有太上老君。其实太上老君上了北门。妻子纳闷了，她想：这老头子天天上哪儿去呢?他不说真话，一定有缘故。

晚上，妻子又问太上老君："你明天上哪儿做活?"太上老君说："在北门。"

妻子没上北门。她挎上饭篮，去了南门。到南门一看，可把她吓坏了。只见太上老君光着臂膀，鼓着腮帮，坐在炉子跟前，左手捏着红烫的铁块，放在膝盖上，右手举着拳头，一面向炉子里吹气，一面朝膝盖上打那通红的铁。看到这里，妻子忍不住大叫起来：

"啊呀!这不把你烫坏了吗?"

妻子这一叫，只听"吱啦——"一声，太上老君的膝盖烫坏了，手也烫僵了。

太上老君对着那铁块说："你烫掉我一层皮，我打掉你千层衣!"

从那以后，拳头打不成铁，嘴也吹不得风了。现在打铁的时候，总要脱掉一层层的黑皮，据说就是从那时候开始的。（这是张紫晨先生记录的关于太上老君的传说）

（二）铁匠祖师李老君

相传在从前，凡用火炉子的行业都是敬李老君，也就是老子、太上老君。传说太上老君在天上就是用火炉子炼仙丹的，不过用火炉子的行业也挺多，像铁匠、补锅匠、砖瓦窑等，大家都敬李老君，只是传说的事不大一样。像铸造业——打铁的，都爱讲干将、莫邪造剑那一回事。传说，当年楚王平定中原之后，要找中原最好的打铁匠为他铸一双鸳鸯尚方宝剑。找来找去，就找到了干将和莫邪。

干将、莫邪是一对夫妇，他们不愿意给楚王造剑，可没有办法，只好勉强答应下来。不过在造剑时他们却真的下了功夫，一直锻炼打造了三年，才把剑造好了。两把剑一雄一雌，果然吹毛离刃，迎风断草，亮锃锃，冷森森，惊天地，泣鬼神，的确是一双好剑。

这一天，干将把莫邪叫到跟前，对她说："贤妻，现在剑已造好。不过早已过了期限，咱就是把这双剑都交给楚王，也难免一死，不如留下一把，现在，你已身怀有孕，将来生下的若是个男孩，等他长大后，叫他替我报仇好了！"莫邪难过地流着泪水，默默地点了点头。

干将说完，便拿了雌剑去见楚王。楚王见干将把剑送来，当场一试，果然好剑。楚王问为什么只有一把。干将说，就打造了一把。楚王不信，说道："花费了三年时间，只打一把？你想骗谁？"干将闭口再不答言。楚王盛怒之下，就下令把干将杀了。

这一年，莫邪果然生了一个男孩，叫作赤娃。赤娃长到十五那年，邻居家小孩和他吵架，说他没有爸爸，是个野小子。赤娃便哭着跟莫邪要爹。莫邪见赤娃已经渐渐长成了大人，便哭着告诉他："你的爹就是造剑的能手干将啊！十五年前给楚王造了一双鸳鸯尚方宝剑，但只给他送去雌剑，让楚王给杀了。他临死的时候嘱咐我，等你长大后，要你给他报仇。"

赤娃一听，忙问："那么雄剑在哪儿呢？快给我，我一定给爹报仇！"

"你向南走，看到有松树长在石头上，就敲开那石头，便能找到那把雄剑了。"莫邪说完，一扭头，猛地撞死在墙根下。她这是给赤娃送行，要他义无反顾啊。

赤娃见他娘撞死，痛哭一场，将娘埋葬了。随后便向南走去。一直走了九九八十一天，终于找到了那棵长在大石头上的松树。赤娃用斧子劈开大石，果然一把闪闪放光的宝剑藏在那里。

赤娃得了宝剑便向京城走去。到了京城，可进不了皇宫，还是无法报仇啊！急得赤娃在宫墙外边来回转圈。

这天夜里，楚王睡觉时做了一个梦，梦见有一个少年提着宝剑向他奔来。小孩长得黑红脸膛、浓眉大眼，口中喊着："报仇！报仇！"

吓得楚王惊叫一声，从床上坐了起来，再也睡不着了。第二天，楚王就命人把梦见的少年模样画了下来，四处张贴告示，悬赏千金，要捉拿想刺王杀驾的少年。赤娃一看，那告示上画的和自己一模一样，知道难以下手了，便离开京城，逃进深山。

再说干将、莫邪死后，魂升九天，在上苍拜倒在太上老君的面前。太上老君大怒，他是护着铁匠这一行的，能叫他俩受冤屈吗。李老君就说："别管了，此仇非报不可，这事儿交给我了。"说完，安慰了干将、莫邪一番，就下凡来了。

这时，赤娃正在山间行走，一边走一边悲愤地唱着哀怨的歌。正走之间，迎面过来一位白发苍苍的老头，这正是太上老君。他拦住赤娃的去路，说："小娃娃，为何哭得这样伤心啊？"

赤娃见老人慈眉善目，又无恶意，便对他说："老人家，我是干将、莫邪的儿子。楚王杀害了我的父亲，母亲也死去了。如今我一心要找楚王报仇，可就是难以下手啊！"老君点点头，说："要报仇，你可有胆量？"

"有胆量！"

"不怕死吗？"

"只要大仇能报，万死不辞！"

"好！那么我可以替你报仇。不过要借用你身上两件东西。"

"老人家，只要能替我家报仇，别说用两件东西，十件、百件都依你。但不知您要用什么东西？"

"我听说楚王用千金收买你的人头，请把你的头和剑给我，我来与你报仇！"

"好啊！这个办法太好了！"赤娃听完老君的话，丝毫没犹豫，把剑一挥，"咔嚓"，砍下了自己的脑袋，尸身立而不僵，双手将头和剑一齐奉献给老君，说道："老人家，拜托了！"

老君一看，赤娃果然有决心，心中大喜。原来老君有意试试赤娃的胆量和决心怎样，才故意这样考验他。其实，老君早已安排好了，要让赤娃的灵魂也升入天庭成仙，与其父母相会。于是，老君当下便对赤娃尸身说道："好孩子，老夫一定不会辜负你。你，放心去吧。"话一落地,就见赤娃的尸体向后一仰,扑通",便僵倒在地上。

再说老君进了京城,撕下皇榜告示。卫兵们一呼而上将他带到金殿上。老君把赤娃的头献给楚王,说:"你要的人头,我带来了。"

楚王睁眼一看,果然正是梦中所见少年的头颅,不禁大喜。再仔细一看,那少年的眼还一直瞪着,鼻子里冒着粗气,满脸怒气冲冲的样子,吓得楚王不敢再看。

这时,就见来送人头的这位老人上前一步,说:"大王,这人头不死,可用油炸。"

楚王连说:"好好,快支起油锅,炸烂这颗怪头!"

于是,就在大殿前支起了大油锅,卫士们把赤娃的头放进油锅炸了三天三夜,仍然不烂。

这时,老君对楚王说:"大王,这人头炸了三天三夜,你来看看烂不烂?"楚王走了过去。他刚走到油锅前,老君拔出宝剑,一挥手,便把楚王的头砍了下来,正好掉进油锅里。卫士们大惊,正要上前去捉拿老人,就见那老人又一挥手,自己的头也掉进了油锅。等到士兵们围了上来,三颗人头在油锅中乱滚,都炸烂了,再也不能分辨出谁是谁了。无奈,只好把三颗人头一起埋了。据说就埋在河南汝南县了。至今,那儿还有个大土坟,叫作"三王墓"呢。不过,老君可没有死,他为的是不让人认出哪是楚王,哪是赤娃,也为了让人们把赤娃当作帝王一样安葬。他自己呢?早又回到天上做神仙去了。(河南评论家任聘先生的这篇作品把铁匠彻底神化了)

（三）铁匠祖师老君和瓦木匠祖师鲁班

传说铁匠的祖师爷太上老君和瓦木匠的祖师爷鲁班还有一个联手的故事。

老君和鲁班是手艺人，一年四季，不论刮风下雨，冬寒夏热，都在四乡游逛。为了一家人的生活，他们起早贪黑，披星戴月，终年做着繁重的工作。他们都很穷，除了一双手以外，鲁班只有一个墨斗和一支木笔；而铁匠老君更穷了，锤子、砧子、风箱一样都没有。那么怎么干活呢？鲁班做家具时就把墨斗拿出来，用水笔蘸好墨就往木料上画，横一笔，竖一笔，把线打好了，木料上满是密密麻麻的黑道道。然后他用拳头照木料上捶，口里说一声："开！"就听得"哗啦"一下子，整块的木料就变成方的、长的无数块木头板儿。可是有时候，他捶上十次八次，甚至一百次，即便是大叫一百声"开"，有的木料却纹丝不动。这是因为有些木料上有疤瘌，凡是有伤疤的木料就打不开，因此做活只好用黄松大杉。木料变成了小木头，没有钉子，怎么装在一块儿呢？鲁班就凭嘴里的唾沫粘。因为不带伤疤的木料太难找，就使鲁班不能做更多的活。老君打铁就更难了，人们说，老君爷是"拳头打铁嘴吹风"。没有锤子就用拳头，没有砧子就用膝盖，没有风箱，呼气吸气当风箱。为了做一件活计，老君不得不光着膀子赤胸露乳，张红腮帮一面吹风一面打铁。每天都难免烫坏了手掌、臂膀，每天晚上都累得他腮帮子又疼又痒。

有一天，老君爷正坐在炉子跟前鼓着腮帮子吹炉子，两只手不断地翻转炉火中红通通的铁块，鲁班从那里路过，看了大吃一惊。

心想：咱们都是受苦人，我不能瞧着老君这样日久天长地干下去，这么个干法，早晚会把人活活折磨死的。于是他走过去，把自己的主意说给老君听：他要给老君做个木头风箱，琢个石头砧子，还要用木棍做把，做把石头锤子。老君听了，欢喜得不得了。心想有了这三件家什，做活就不会那么受罪了。鲁班回到家里，没顾得吸半袋烟，没等得喝一碗茶，连夜就给老君做好了这三件家什，第二天李老君收到了这三件"宝"，干起活来，真像猛虎插翅，满心欢喜。他对着一块块的生铁越打越有劲，一边打一边说："往日你烧我一层皮，今日我剥你千层衣。"直到今天，铁匠打铁，还是把铁块锤打得一层一层掉黑皮才算完呢。

老君得到了鲁班的帮助，心里十分感谢，老想怎样报答好。这天，老君看到鲁班家里堆放着无数木料，鲁班摸摸这块，叹口气，摸摸那块，摇摇头，左看右看，都不如意。老君在一旁挺纳闷，忍不住问他："鲁师兄为什么这样为难呢？"鲁班便把因伤疤多不能开料的事告诉了他，老君立刻明白了。怎么帮助鲁班解决这个困难，成了老君的一件心事。

这天，老君到山里去打柴。走着走着，就听着"刺啦"一声，原来裤子给划了一个大口子。他仔细一看，路旁有棵齿茅草，这草叶儿上是一个齿儿一个齿儿的。他想，如果照这样做一个铁的，不就可以把木料给拉开了吗？作为回谢鲁班师兄的礼物不是很好吗？他于是立刻回家做了一个铁的齿茅草，送给鲁班。鲁班一试，高兴极了，有了这个家什，所有的木料都能使用了。后来，人们就把这种铁做的齿茅草叫"锯子"。

从这以后老君和鲁班的交情更深了。他们在共同的劳动中又制作了不少工具，给后代人立下了很大的功劳。所以说：铁木二匠是一家，世世代代不离他。

（四）一张铁画

人民大会堂有幅落地屏风《迎客松》，是铁打的，它是一种独特的艺术作品，叫铁画。说起铁画，那是二百多年前芜湖的铁匠汤天池发明创造的一种古老手艺。

汤天池的老家在江苏溧水，有一年，那里闹水灾，水把庄稼吞没，汤天池母亲只好带着他和弟弟，逃荒到芜湖。汤母带着两个孩子走街串巷，沿户乞讨。三个月过去，好容易才求人作揖，把十二岁的天池送到一个姓冯的铁匠铺子当学徒。自己则带着九岁小的，离开了芜湖，来到万春圩乡下。

汤天池是苦海里泡大的孩子，吃苦，勤快，晓得好歹，师傅们都喜欢他。手艺学得快，三四年下来，他的手艺超过了师傅们。他打出的家什，轻巧美观，经久耐用。

汤天池有个爱好：喜欢看画，特别爱好妇女剪的花样（有窗花、枕头花、鞋花……），一见到画和花样，他就忘情啦，一呆一大会儿，往往误了干活。这老板可不愿意啦，训斥了几次，无奈汤天池迷上了，把老板的话当作耳边风。二十四岁那年，老板火了，恶狠狠地说："穷铁匠还有个富嗜好，我没那么大的家私米供养你，有本事你自己出去看。"

"出去看就出去看。"就这样，汤天池离开了冯家铺子。

汤天池这人硬气得很，他就是要看画。他在一个姓仇的画师隔壁租赁了一间房子，安上洪炉自己干起来，为的是到仇家看画方便。

仇画师十分勤奋，见天作画，好像一天不画画就憋得慌。

汤天池经常跑到仇家去看画像，久之，好像一天不看就缺点什么。一来二去汤天池看上瘾啦。起初，仇画师看汤天池来也不管，照样泼墨作画。汤天池呢？不管你欢迎不欢迎，都一声不吭地看着。日子一久，他就看出些门道来了。

有一天，仇画师在画竹子。画好了，画师落上款。正要收摊子，汤天池却说："画师，这竹子左侧再添个叶子，那就更哏了。"

仇画师想不到铁匠竟指点起自己作画来了。一时邪劲上来，出言不逊地斥责道："这画画是你们铁匠的事吗？真是河边无青草，饿死多嘴驴！请！"

汤天池闹了个"虾公进汤锅——大红脸"，赶忙回到家里去了。可是仇画师的话像锥子一样锥着他，使他坐卧不安。他想了两天，决心咬口生姜喝口醋，不蒸馒头蒸（争）口气，以铁作画。于是，汤天池以砧为砚，拿锤当笔，煅铁为画。

汤天池首先用铁煅"竹"。可是几天下来，他煅出来的"竹子"他自己看了也摇头。但他不灰心，买了一根带叶活竹来家，观察竹子的姿态，还学习农村大姐剪花样的手法。他想再到仇画师家去看画画，可又怕仇画师呵斥，吃闭门羹。怎么办呢，好在是隔壁邻居，墙上的小窗子并未封严，他就搬了梯子，爬上去，往下瞧。瞧几眼，就下来锤几锤。有时，一天上来下去要爬数十趟。他终于掌握了画师的画技，以锤作笔，讲究结构、火候、锤法、接法、切剪……就这样，他足不出户，经过半年锤炼，煅出的铁画竹子果然像了，而且很有神采。汤天池并不满足，继续爬到墙上窥视画师作画。画师用墨画花、草、虫、鱼，汤天池就用铁煅花、草、虫、鱼……

腊月天，汤天池的弟弟从万春坪来看他。小老弟是个二十多岁的庄稼汉，老实巴交的。进门就喜滋滋地说："哥啊，你一直关心小弟的婚事。如今可有着落了。请你腊月二十八去喝喜酒。"

汤天池听了很高兴。只是这半年，集中精力作画，啥收入也没有，拿啥做聘礼呢？为难了半天，才说："弟弟，你看这铁画咋样？"

小老弟这才注意到汤天池墙上挂的几幅铁画，睁大眼睛说："是你煅的？活像，真活像。哥啊，半年不见，你干起大事业来啦。好，好！"

"那，那，那你就拿一幅去，作为兄长送的礼吧！"

小老弟高兴得几乎跳起来，走到铁画前，欲取又停，说：

"哥啊，我要个跟庄稼人对味的东西。那……那……"

"有话，你就脆崩点说。"

"我缺个帐钩。你给我打一对。不用那寿字图案，要一束稻、一条鱼的花样。庄稼人想的就是五谷丰登，年年有余（鱼）啊！"

"好！三日后我给你送去。"

弟弟一出门，汤天池就开炉打鱼稻图案的帐钩。砰……砰……不停地锤着。

再说仇画师自从"冲"了汤天池后，就再也不见汤天池登门了。每到闲暇时，仇画师心中暗暗自愧，深悔自己一时气恼，得罪了邻居。常言说得好，"远亲不如近邻"，怎么能这么不仁义？想等汤天池来，表白一番，求得谅解。谁知一等也不来，二等也不来，七八个月过去，还不见汤天池的身影，仇画师实在忍不住了。这天，他背着手，踱过来，看到汤天池正专心致志，以铁作画。那帐钩已打好一只：一束稻禾，垂下沉甸甸的穗子，那穗子正对着翘尾张嘴的鲤鱼，活灵活现的。再瞥眼看向那竹子、花卉、虫鱼……也真实动人，比自己画的，还要高明几分。不觉脱口称赞说："好，好！有志者，事竟成。有志者，事——竟——成——"

话声惊动了汤天池。汤天池抬头一看，见是仇画师，忙放下手中的锤、钳，迎上去说："哎哟，怎么惊动了老画师？这是小人一点痴心，不成名堂。往后，还得请老画师多多指点。"

仇画师俯身说："本人佩服，羡慕！前番言语粗陋，还请多多包涵！"

汤天池说："哪里，哪里。"

仇画师点点头，高高兴兴地跑回家，找到汤天池指点过的那幅画，提笔蘸墨给竹子添了一片叶子再看，画果然是妙多了。

于是便把画带过来，送给汤天池。汤天池接过画挂在铺子里，又把自己那幅铁画——《竹》，送给仇画师。两人以邻为友，互相切磋。汤天池的铁画越煅越好，由于它别有风味，古朴高雅，经久不坏，喜爱的人越来越多，好些人来向汤天池学艺，汤天池全都耐心

传授。从此，铁画手艺就这样流传下来。（选自《中华民俗源流集成》，黎彤采录）

（五）神奇铁球

河北保定一带的人们常说："保定府三宗宝：铁球、面酱、春不老。"要说起保定府"三宝"之首的铁球来，那故事可多了。

传说，很早以前，保定府这地方就会制作铁球，不过那工夫做的铁球跟现在可不一样：首先是个儿小，就跟小孩儿们玩的玻璃球似的，一些江洋大盗经常拿它作为一种伤人的暗器。后来把它搁在木板上，做弹弓子儿使用。到了唐宋时代，铁球在保定就盛行了，不过大都是练武的师傅们拿着玩儿，也有的托在手里做游戏。后来，铁球越做个儿越大。到了明朝，铁球就做成鸡蛋一般大小了，可有一样，那工夫的铁球都是实心儿的，不会响。那怎么又兴起带响声的铁球来了呢？

据说，保定府南郊西马池有一户姓张的铁匠，夫妇俩养着一儿一女，张铁匠为人耿直，爱讲直理，他的铁匠手艺着实不赖，十里八乡的没有不知道的。他专门打制兵器，什么刀枪剑戟呀，长钩短叉啦，什么都能打，尤其是打刀打剑，最为拿手。除了打制兵器，他还爱好武术，一有空儿，还能练几路拳脚。

有一回，村里一个恶霸仗势欺人，张铁匠路见不平，上前相助，不料一时失手，将那恶霸打死了，这下可捅了马蜂窝啦。官司打到保定府，当时的知府姓宋，老家就在本地，他为官清正，爱民如子。宋知府审理了案情，查明了因由，很快就结了案。张铁匠不懂法律，光知道打死人要偿命，他正伸着脖子等死呢，万没想到，宋知府只判了他几年徒刑。张铁匠这心里呀，说不清是什么滋味。他出狱之后，对宋知府感恩不尽，自不必说。

由于宋知府清正廉明，处事果断，不久，他官运亨通，被提升为朝中御史。可那时候，当朝宰相正是严嵩，那可是有名的朝中一霸，你想，他能让宋御史这样的清官站稳了脚跟儿吗？两个人在朝中明争暗斗，没有几个回合，严嵩就在皇上的耳朵里灌满了流言蜚语。没多久，一道圣旨，宋御史就被陷监入狱了。他在狱中一直被押了十三年，赶上严嵩的罪行败露，这才和那些被严嵩打击陷害的忠臣一起从监狱中放出来。

宋御史回到保定府老家，身体弱得不成个样子了。张铁匠听说后立即买了些礼物到他家中探望。当他问明了宋御史蒙冤入狱的情况后，十分痛心地说："当初多亏了宋大人，才保全了我一条命。想不到您却受到严嵩老贼的陷害。大人受苦啦！"

宋御史说："能熬到今天，亲眼看到严嵩老贼的末日，我就知足啦。"说完哈哈大笑起来。

铁匠关心地说："大人的身体很弱，需要适当锻炼锻炼才是。"

宋御史说："本人很想锻炼，只是浑身无力，四肢麻木，不听使唤哪。"

铁匠回到家里，从一个朋友那里讨还了一副实心儿的铁球，第二天老早就送到宋御史的家中。铁匠说："听说这玩意儿能舒筋活血，锻炼手劲儿，专治手足麻木。大人可以试一试。"铁匠走后，宋御史拿起铁球在手上转动了几下，只觉得凉嗖嗖、沉甸甸的，单调乏味，就随手放下了。第三天，张铁匠又去宋御史家中探望，见那铁球早被骨碌到一边去了。张铁匠想：如果把铁球打成空心，里边再放上个铃铛，转动起来，叮咚作响，既能听声儿，当个玩意儿，又能锻炼得劲儿，那该多好？铁匠回家以后，就把想法告诉了妻子，妻子也很赞成，于是张铁匠就精心地琢磨起来。开始，他先把铁打成铁板，裹上芯子再锤打成球，一试不行，只好再想别的办法。功夫不负有心人，经过七天七夜的反复锤打试验，带响声的铁球终于打出来了。

只见它通体圆滑，晶亮透明，拿在手里一转，叮咚叮咚，声音浑厚响亮，里边真像有个铃铛，他这才长长地出了口气，顿觉轻松了许多，本想再打一个，可已经七天七夜没合眼啦，实在撑不住了。妻子望着他那充满血丝的眼睛，心疼地说："一歇就要停火，干脆你来拉风箱吧，我打第二个。"铁匠看了看妻子，只好把铁钳交给她。

有了第一个，再打第二个就容易多了。妻子按照丈夫的做法，自己掌钳，很快便打成了第二个。但由于张铁匠的手头重，里面的簧片砸得薄，妻子的手头轻，里面的簧片砸得厚，所以两个铁球就发出了两种不同的声音：一个低沉浑厚，一个清脆悦耳，一高一低，一阴一阳，协调一致，还挺好听哩。后来人们说的"雌雄球"就是这么来的。

张铁匠把新打的铁球交给宋御史，宋御史握在手里一试，嗬，果然和原来的铁球大不一样。从此，宋御史每天把铁球握在手里，用心转动，片刻不离。没过多久，他的病体居然恢复了健康。后来，宋御史又回到朝中，官复了原职。有一天上朝，一个大臣看到他手里转动的铁球，发出叮咚叮咚的声音，出于好奇，就拿过去试了试，很快，这副铁球就在朝廷里传开了。传来传去，传到了嘉靖皇帝的眼皮子底下。他拿过去一试，嘿，那响声阴阳交错，清脆悦耳，好听极了。他听说铁球还有舒筋活血，锻炼身体的功能，便立刻传旨把张铁匠调进宫内，专门为他打制带响声的铁球。

那工夫，由于这种铁球制作慢，皇宫里又嚷嚷开了，谁都想得到一副，这下可就供不应求了。俗话说：物以稀为贵。铁球的身价顿时提高了百倍。据说，后来打出的铁球，直接由皇上控制，他看着哪个官儿好，谁的功劳大，就赏给他一副，并把名字取为"御赐健身球"。在当时，如果谁能得到一副"御赐健身球"，那可是一种很高的荣誉哩。

张铁匠在皇宫里打了十几年铁球，眼看岁数越来越大了，就告老还乡，回到了保定府的西马池。当时，儿子已经娶了媳妇，姑娘也有十六七了，一大家子几张嘴，光待着哪行啊，于是，就在家里开了个铁匠铺，又做起铁球来。

那工夫，带音响的铁球只是在宫内使用，老百姓还没见过哩，所以，他打制的铁球一上市，很快被抢购一空。买卖越做越大，光靠张铁匠夫妇俩不行啦，他就把做球的手艺传给了儿子、儿媳，唯独不传给姑娘，为这事不知姑娘给他说了多少好话，可他就是不传。他有他的理儿，他认为传给了姑娘，就等于把手艺传给了外姓人，等于砸了他张家的饭碗。一天深夜，张铁匠和儿子、儿媳正在球房装簧（装簧是铁球的主要技术，一般都在深夜），忽听窗外传来了咳嗽声。他急忙打开门一看，吓了一跳，原来是自己的姑娘正扒着窗台从窗户纸上的窟窿里偷艺呢。张铁匠气得什么似的，可她毕竟是自己的女儿呀，有什么法子呢？这事发生后，张铁匠又急又气，不久就离开了人世。

张铁匠死后，兄妹姑嫂就合伙开起铁匠铺，继续打制铁球。

开始，他们自做自销，后来又托付给南大街甘石桥附近一个铁匠铺代卖，可这样还是供不应求。到后来，南大街所有的铁匠铺都给他们代卖铁球，于是，这铁球的买卖就越做越红火啦。过了几年，姑娘出了阁，也和丈夫做起铁球来。从此，保定铁球的制作手艺便传到了各地，名声也越来越大，成了保定府的"三宝"之首，这也是铁匠的传奇人生啊。（此故事摘自《中华民俗源流集成》，阮焕章讲述）

（六）龙泉剑

欧冶子和他的女儿莫邪，在龙泉秦溪山山麓铸剑已经整整十年。十年来，父女俩天天闻鸡而起，夜半才休息。宝珠总不会永远被沙土埋没。欧冶子父女俩铸的剑终于被世人所公认，誉满神州，越王勾践见了也万分赏识，敕封欧冶子为"将军"。但欧冶子婉言谢绝了越王的封爵，和女儿莫邪一道回到秦溪麓，照旧每天鸡鸣而起，夜半才息，细心铸剑，而且在技艺上格外刻苦钻研，精益求精。他决心铸出一把惊天地、泣鬼神的宝剑。

日升月沉，寒来暑往，不觉间又过了许多年。

龙泉剑

一天夜里，莫邪提了个小提篮给她爹送来夜宵，嘻嘻笑问道："爹，您知道今天是什么日子吗？"

欧冶子被女儿这话问得莫名其妙："你问这做甚？"莫邪抿嘴一笑，放下小提篮，神秘地说："您听！"

欧冶子打住手里的铁锤，倾耳细听。可此时山睡风息，万籁俱寂，什么也听不见。

莫邪只觉得心里好笑。又说道："您抬头看嘛！"欧冶子抬头一看，只见两只喜鹊从空中扑棱棱飞进了大枫树顶上的鸟巢："哦，你想干将了。"

"爹，瞧您说的。我的意思，今天是七夕，请您歇上一夜。"

"我看您今年以来，面容清瘦，气力渐衰，饭量减少，夜里睡眠不好。我心里着实不安。"

欧冶子听了这话，激动地说："孩子，你们的关心我何尝不知。无奈世间万物有盛必有衰，哪能长生不老。人生一世，草木一秋，倘能智启来者，荫覆他人，虽死，又有何怨何恨！好吧，吃过夜宵，携上这剑，到渣屿上歌舞一番，散散心！"莫邪见爹有这样的兴致，心中非常高兴，连声赞好。

　　吃罢夜宵，莫邪一手拉着欧冶子，一手提着剑，欢欢喜喜到了鸥江边，他俩解开绳缆跳进船里。欧冶子木桨一划，小船便犹如鹅毛漂入江中。银汉卧江，玉盘潜影，水波粼粼，星星闪耀，清风徐来，摇发拂衣。父女俩的终日辛劳，顿时全消。对此良辰美景，莫邪情不自禁，引吭高歌，唱了起来。

　　欧冶子以桨击船，相和歌唱，悠悠然如置身尘外。歌声既罢，船到渣屿。父女俩泊住小船，跳上岸来，顺着小路，找了个平坦地方，欧冶子便舒动筋骨，拔剑起舞。一时间只见青光漫漫，地动山摇，屿上宿鸟离窜，唧啾共鸣。江中鱼跃虾跳，山上猿啼虎啸，剑气直冲斗牛，摇动银河。

　　这时候，牛郎、织女刚刚送走宾朋，躺下不久。夫妻俩一年来的情怀才提了个头，便觉得房屋震荡，杯盆碰撞，心中十分惊奇，连忙披衣坐起，往窗外一望，只见满院紫气缭绕。就在这时，门外响起了"笃笃"的敲门声，夫妻俩急忙跳下床来，开门迎客。原来是六位姐姐。

　　她们也因看了那紫气，不知何物，慌忙趿拉鞋赶来叩问。于是八人步出庭院，来到银河边上，撩开夜幕，定睛一看，才知是欧冶子父女在渣屿上舞剑。

欧冶子父女为了富国强兵，官爵不受，含辛茹苦，在龙泉秦溪山麓铸剑的事，他们早有所闻。但不知道已经铸出如此好剑。此刻见了，众仙心中的钦佩之情油然而生。

牛郎忽然说道："我们何不下去一趟，共同观赏一场？"七仙大姐接着说："你俩一年之中仅此一会，良宵苦短。我们姐妹六人替你们捎话致意欧公父女，也是一样。"众姐妹劝住牛郎、织女，驾起祥云来到人间。

莫邪发现六朵祥云从空中冉冉降下，急忙告诉爹爹。欧冶子收住身架，抬头一看，见是六位仙女脚踩祥云，笑盈盈地向他们迎面飘来。不一会儿，仙女们就落在渣屿上。欧冶子和莫邪连忙整衣理冠，迎上前去。相见礼毕，众仙女要过剑来，仔细观看，莫不叹服。

"众位仙家，此剑是尘间俗物，有失雅望，何劳如此夸奖，望你们赐教，多多相助。"欧冶子谦恭地说。

众仙女敬佩欧冶子父女为国为民，坚韧不拔的精神，各自摘下头上的夜光宝珠。"众位姐姐，还有我的一颗！"话音未断，只见一道白光"嗖"地划空而过朝秦溪山麓飞去，屿上六位仙女也将宝珠掷去，顿时上麓下现出七泓清泉，其状酷似天上的北斗，这时欧冶子父女俩才知她们是天上的七仙女。七仙女中的小妹妹织女到了屿上，为了表示她因探望董郎而迟到的歉意，又把头上戴的小凤冠、腰间挂的玉龙坠摘下，赠给莫邪。莫邪推辞不受，她便相邀众位大姐一齐动手把它们戴到莫邪的头上，拴在莫邪的腰间。欧冶子站在一旁看着，笑个不停，信口说道："七仙女成了八姐妹啦！"

听了这话，七仙女异口同声地说："我们只怕您老舍她不得。要不，我们今宵带她走。"

"这可使不得。就是我同意，她干将还不许呢。"欧冶子乐滋滋地说。

苦口难挨，乐时易过。不觉金鸡高唱，天将破晓。七仙女和欧冶子父女都明白分别在即，依依不舍。临别之际，七仙大姐吩咐说："请取七泉之水，相与合一，用于淬火、磨砺，定能铸出更好的剑来。"

欧冶子父女俩送别过七仙女，旋即登船渡江，奔回寮棚。欧冶子马上把那剑放进炉里，加上青风硬炭，拉动风箱。莫邪提起小木桶，舀来七泉之水放在炉旁。欧冶子把烧红的剑钳了出来，父女俩"叮叮当当"，精心打上一会儿，便插入桶内清泉之中。只听得"吱"的一声，一团白雾喷薄而生。淬火之后，欧冶子又用七泉之水精心地磨砺。边磨，欧冶子父女俩边感到凉气袭人满屋生寒，欧冶子将剑稍稍一试，开金石而刃不卷，弯如带而身不折，真是伸曲自如，刚柔并济。父女俩大喜过望。为了感谢七仙女，他们又描下北斗七星形状，将其镂于剑身之上。此剑自成之日起，常有紫气冲于斗牛之墟。七仙女和牛郎，知道这是欧冶子父女所铸之剑的剑气，也不再惊怪。

后人见了此剑，皆视为珍宝。因它在龙泉铸成，身上又有七星之标，故有叫"龙泉剑"的，也有叫"七星剑"的。久而久之，龙

泉就成了剑的代称。所以有"手握三尺龙泉"之说。（陈岩来采录）

（七）王麻子剪刀

传说，清朝顺治年间，有个小伙子姓王名犟，十六岁，老家山东，随人学艺来到北京，在南城菜市口的"长兴铁铺"当学徒。师傅规定：三年零一节满师，愿留愿去自便。

王犟生来膀宽腰圆，虎头虎脑，两只憨厚明亮的大眼睛，一身的腱子肉。他不管冬夏总是光着膀子在洪炉前，谁见了都赞叹地说："这小徒弟！真是把好手！"王犟干活不惜力气，不挑不拣，不偷奸耍滑，从拉风箱学起，师傅咋说就咋干。后来师傅见他干活很用心，叫他司大锤，师傅用小锤子指点该下锤的地方，他配合得很得力。师傅夸他有眼力有心路，从心眼里喜欢他，待他情同父子。爷儿俩打起铁来，叮叮当，叮叮当，都带出花点儿来，招引过往的行人都不愿离去。

当时铁铺小，只打些铁铲、铁门环和铁链子卖。这些手艺王犟没用一年半载就都学会了。有一天，他看见师妹小香剪布袼褙做鞋，用一把又大又笨的剪刀，把手都磨出了血泡，非常心疼，于是，王犟就用晚上休息的时间，找来几块碎铁琢磨着敲敲打打起来，不几天，一把秀气的小剪刀打出来了。他磨了磨，剪剪纸，挺好用，就送给了师妹小香。小香用起来比大笨剪刀好用多了，可是没过多久，剪刀就不快了，一看，剪刀刃卷了。王犟正在琢磨怎么办的当口，朝廷来了公事，织造署制作局点名要长兴铁铺打五十把截刀和一百把剪刀，限期三个月交活。这道公事把师傅急得像火烧眉毛一样，俗话说："难刮的是脸，难打的是剪！"工期要得这么急，还这么多，这可怎么完得成呀！

王翠见师傅急成这个样子，就把给小香打的剪刀拿出来给师傅看，师傅一看吃惊地说："这是你打的?!"王翠不好意思地低下头。师傅仔细看了看说："好是好，就是缺钢口、缺火候。"于是师徒俩就弄起剪刀来了。一来二去，剪刀打了不少，还是钢口不好，师徒俩日夜琢磨也没想出个好主意。眼看一个月快过去了，全家急得不得了，师母又犯了心口痛的病。小香看爹爹和师哥累得不成样子了，就想法儿把自己纳鞋底儿的钱买了点肉和酱，给他们做顿炸酱面吃。爹爹净顾想剪刀的事，连用了几十年的烟袋放在炉台上都忘了，当发现时，牛角的烟嘴已烧成灰面面了。师哥净想剪刀的事，半碗肉丁炸酱也洒在炉台上，沾上牛角灰面，没法吃了，一生气把酱甩到地上。这些酱星星点点掉在剪刀堆上。吃完面，他们又弄起剪刀来。小香拉风箱，想：听老人说，当年铸北京钟鼓楼的大钟时，总管纂工匠的女儿为了给钟加上灵性儿，跳进铁炉子里钟就铸成了，我能帮助爹做点什么呢？

她顺手理了理头发，突然一个念头涌上心来。于是她偷偷剪下一缕青丝，当师哥抓起地上的剪刀往洪炉里放时，她顺势把那团头发丢进去，一股焦味儿喷出，再看那把剪刀在通红中金光一闪，刺刺啦啦直叫，师傅忙问："往里丢什么哪？"

小香说："没什么！"

说着，师哥把剪刀拿出来往水盆一沾，咳，又光又亮又硬。

184

师傅也不顾剪刀烫手，抓起来一看说："这刀口怎么一块花一块灰一块白的？"徒弟也说不上为什么。

还是小香眼尖，说："爹爹，那是炸酱吧？"往地上一看，可不是！星星点点的到处都是。于是师傅又试着把酱匀着抹在刀刃上试了一回，果然起作用，不过不发亮光。

师傅又问："刚才还放什么了？"

小香只好把烧头发的事儿也说了。王犟又把牛角烟嘴灰和在酱里试，又找来乱发烧，一次比一次好。

喜讯传到后院，师母心口也不疼了，抓起报晓的大红公鸡就在洪炉前边的地上宰起来，想犒劳一下师徒和女儿。谁知却闯了祸，王犟正从洪炉里夹出通红的剪刀回身往水盆里放，那只没断气的公鸡突然飞了起来，把师母吓了一大跳。那只鸡正好扑在王犟的脸上，爪子抓了他好几道伤痕，王犟也吓了一大跳，手中的剪刀正掉在鸡血盆里。鸡血像开了锅一样喷出来，溅了王犟一脸。王犟烫得捂住脸直转磨，小香也吓傻了，看是满脸的血，也不知道是人血还是鸡血，抓起水缸边上的湿手巾就给师哥擦，唉！多俊的小伙子脸上全起了燎泡！

王犟顾不得这些，从鸡血盆里捞出剪刀，用水一冲，可乐开了。只见剪刀通体发着蓝光，锋刃这个快呀，就不用说了！他忙把剪刀给师母瞧，师母一看徒弟满脸的伤，又高兴又心疼，抓起剪刀就朝大公鸡的头上扎去。也是凑巧，那只鸡眼睛一下子蹦了出来，正掉在剪刀的轴上。师母一愣，忙把大家招呼过来说："你们在剪刀上全

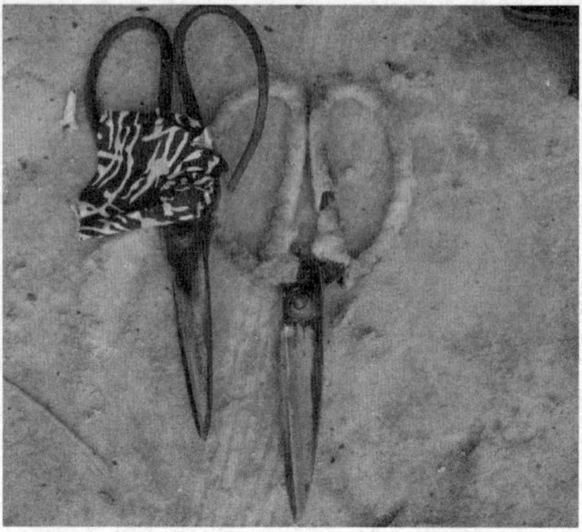

古老的剪子

有功，我正愁着没什么帮助你们，现在好了，你们看！这个鸡眼睛钉在这个轴上又好看，又好论松紧，这就算我的一点心意吧！”老头儿一看老伴都有发明了，自己也得出点力呀，于是抓起那烧了只剩半截子的烟袋杆儿往烧红的剪刀上一按，按出了一道槽儿，有了槽儿，又好看又好磨。三个月期限到了，他们如期交了官差，王翚的脸上也结了痂，从此变成小麻子脸儿了。可他也不在意，干活更有劲了，他跟师傅一块搞了个“秘方”：用羊角马蹄掌和头发等烘干研成粉末，与生酱和成泥，涂在剪刀刃上再烧，然后往羊血、猪血、鸡血之类的血里蘸一下，打出的各种各样大大小小的剪刀，既光亮又耐用。

师傅和师母看王翚这么有出息，在他满师那年，就把女儿小香嫁给了他，这一家和和美美地过起日子。后来师傅老了，大家都习惯叫“王犟王麻子刀剪铺”，干脆把“长兴铁铺”的匾摘下来，换上“王麻子刀剪铺”的招牌。从此，这王麻子刀剪不但誉满京城，而且名扬四海了。(铁铺柴三儿讲述，张家鼎采录)

（八）郑发菜刀

在东北长春还有一个著名的铁匠，叫郑发。

说起来，那是清光绪二十六年（1900）的事了。那一年，东北特别冷，一入冬，老北风就像喝醉的大汉，在铺着厚厚白雪的荒原上吹刮，这一年的阴历三十，大年夜了，在离关东重镇——宽城子35里远的刘房子屯，陈旧的关帝庙旁边，那破旧的棚子里，一帮要饭的花子一个个冻得在席棚子里直打哆嗦。

旧历年毕竟像年，风雪中飘散着煮肉、炸果子的香味儿。黑暗中时而有孩子扔出的炮仗，在空中炸开一朵朵亮花、一盏盏小灯笼，像被老北风刮跑的香火，在村头和荒郊上飘来飘去。家中有后人的，也该拿着供品到死去的家人坟上送灯了。

世上既然有“年”，那就是穷人富人都过年。

花子房门口，花子们各人烧各人的柴火把，没有柴火把的就烧乱草。大家齐刷刷地来到门口跪着，接神的时刻到了。大家一齐磕头。有一个人低一声高一声地念着：

张二哥，李二哥来呀，

一块接神哪，

好保佑咱们顺顺当当的。

东干，东着；

西干，西着；

出门捡着。

磕完了头，大家争先恐后地挤回棚子里互相作揖，问好。

东北千百年来的老习俗过年一宿不睡觉，花子们也一宿不睡觉。有几个人闷坐在那里发呆、发愁。有的人就劝道："过年啦！乐和点儿！穷不生芽，富不扎根，兴许来年就得好啦哩。"老北风卷着雪花，从席棚子的大窟窿小眼子里灌进来，又落在花子们七窟窿八眼子的破麻袋片衣裤上。大家冻得张不开嘴，说话都结巴起来，可还是一个劲儿地寻欢作乐。不知谁从哪儿淘弄来两副对联。一副是：

鼠盗无粮含泪去

看家狗儿放胆眠

横批：清锅冷灶

另一副是：

进腊月勾魂索命

过大年死里逃生

横批：来年再见

大伙就喊："贴吧！贴吧！贴哪副都行。"有人就舀来一碗凉水，"哗"一声泼在门旁的破席子上，转眼间就"冻"上了对联。这花子房里，挤着十多个人，这十多个人里，真是五花八门，干什么的都有。江湖艺人，出家的僧道，还有躲债和被官家追捕的背案的人，

188

更多者是伤老病残无家可归的人。在棚子的西北角坐着一个小伙，浓眉大眼，双目中却流露出仇恨的光芒，他呆呆地盯着眼前这些收留了他，而他还不太熟悉的伙伴，这南腔北调的老老少少也都是人哪，而世上，人和人，命运为啥就不一样啊。

"大兄弟，快来烤烤火吧……"他正发愣，一个老花子喊上他了，他感激地从地上爬起来。

就在他起来，要往前凑凑烤火的时候，突然外面传来"啪——！啪——！"两声枪响，接着就有人喊："不好了！警察来搜花子房啦！"

小伙子一听警察要来搜，急忙跳起来，一猫腰，"哧"一声从席棚子后边的一个大窟窿钻出去，撒腿就跑。后面有人喊："抓呀——！跑了——！"

小伙子一口气跑出十多里地。

回头一瞅，后边还有一个人在追他，于是拔腿又跑。后边那人可就喊上了："别跑了，等等我……"

他也实在跑不动了，站在那儿直喘。那人追上来，也直喘，说："警察没追来，我也是逃抓的。我输了钱躲出来，和你住在一个花子房……"那人坐下来，擦着头上的汗，问："大兄弟，你犯了啥王法？"

"别提了，亲戚打死了仇人，我受了牵连。"

"啊？人命案？"

"我家那地方干旱，水很金贵，我舅家在院里挖个坑，接雨水。

可地主的小崽子往里尿尿，还逼着我娘喝。一气之下，我大舅砍死了那小崽子，我们连夜闯了关东。可我又和大舅走散了！"

那人说："我呀，耍钱，叫我爹揍了一顿。"

"可上哪儿去呢？"

那人说："别急别急，天无绝人之路。让我看看你体格咋样……"

那人说完，就开始前后上下打量起他的身材来，就像内行的牲口贩子在挑选上等的牲口……

"你多大了？"

"十九岁，叫郑茂盛。"

"啊呀！我二十岁。你正好叫我王荣大哥……"那人眼里闪着兴奋的狡黠的光芒。

那人说："你想干点活不？"

"想找个落脚的地方。"

那人说："好了，那就跟我走吧。"

两人插草为香，在寒风中磕起头来。

在当年，长春的四马路铁行街一带已是相当红火热闹的小街了。这儿，东临皇宫园林，南靠旅店商行，北是鼎丰真、老茂生南菜集，西居回族的牛羊肉摊行。白日里叫卖声不绝于耳，夜里，各家铁匠炉的炉火一闪一亮，配上做夜活时风匣"呱嗒呱嗒"的响声，配成一首奇妙的老长春交响曲，空中终日飘刮着煤烟子味儿。

王荣领着郑茂盛左拐右拐，在黎明时分，摸到了铁行胡同的一个角落。

这是一条临街的门市房，正房二间，房山头一个土炉，高大的砖泥结构，烟囱高过房檐，在夜里也喷出浓浓的黑烟。

"爹！爹！"

王荣轻轻敲打着木板门，急切地向里边喊了两声。

许久，里面传出一阵咳嗽声，接着一个苍老的声音问："谁呀！深更半夜的……"

"是我！"

小油灯一闪，亮了。老爹披着破棉袄出来开门。

老汉"吱嘎"一声开了门，一见王荣，气得骂道："你个畜生！你扔下活不干，你还有脸回来？"

"你也别生气，你也别骂我。爹，你瞅瞅，我给你领来个打锤的下手！"王荣笑嘻嘻地说着，又推了把茂盛说，"还站着干啥？快拜认师傅呀！"

茂盛一听，来不及细想，赶紧跪下，叫了声："师傅受徒弟一拜！"

王老汉一愣，半天才醒过神来。老人急忙上前扶起茂盛说："哎呀，别听他瞎指令。你是哪儿的孩子？怪可怜的。快上屋里暖和暖和吧，明日我给你安排个活干！"说完狠狠地瞪了儿子一眼。

王荣把茂盛安排在一个道杂躺下，转身就出去了。

茂盛来到一个生地方一时也睡不着，突然，他听到那边屋里人家在议论。

"你在哪儿领来这个狗剩子？"一个尖声尖气的女人的声音。

"娘，我们一块在花子房过年。他没家没业，一个老娘在关里家，远着呢。怎么样？"

"好小子，有眼力。"

"哈哈哈！"王荣的笑声。

"呵呵呵！"那女人的笑声。

一阵咳嗽，老汉一顿一住地说："你们哪，没安好心！想拿人家孩子当驴……"

王荣说："咱还是他救命恩人呢！"

女人的声音："浑身是力气，不干活干啥……"

王荣的笑声："娘，将来挣了大钱，我领你逛天津！"

"唉，你这没出息的东西，一天光知道吃喝玩乐。可惜了！我这一身的手艺，传——给——谁——呀——！"又是一阵裂肺的咳嗽声，老汉好像是哭了。

窗外，风卷着雪的沙沙的响声，渐渐地掩盖住了老汉凄苦绝望的叹息和呻吟，不知为什么，茂盛顿觉自己的眼前一亮，他摸摸自己结实的胳膊，打定了一个主意。

铁匠铺在当年的长春是重要的民间手工作坊，主要打制车皮、马掌、锄钩、犁铧、刀剪、锁链等这些城镇、农村家庭常用的生活必备品。铁匠炉在四马路铁行街有好几家，每天早上，各家捅炉做饭，饭后各家扫净门前的路段，屋里屋外洒上清水，在门前的地上堆起昨日打好的各类成品，于是，"叮叮当当"的锤声和"呱嗒呱嗒"的风匣声又交叉着响起来了。

天还没亮，茂盛就爬起来了。铁匠家的炉，就是不打铁也做饭。寄人篱下，茂盛是个勤快的孩子，他早早爬起来给师傅师娘做饭，然后站在一旁等待支配。吃完饭，王荣对茂盛说："兄弟，我有点事出去，一会儿就回来。我多要喊我打下锤，你就伸伸手……"说完他就上赌场去了。

一切收拾就绪，王老汉扎上围裙，回头喊："荣儿！操家伙。"可是连喊三声，没有答应。这时茂盛提过大锤走上来，给铁匠恭恭敬敬地行了个礼，说："他出去了，让我帮他……""上哪儿去了？"铁匠生气地问。

"他没说。"

"唉！这小兔崽子……"

王铁匠气得直哆嗦，说："咋好意思让你受累。"

茂盛连忙说："不是受累，是师傅看得起我！"

王铁匠笑了笑，说："好孩子，操锤吧！"

王铁匠家经营的主要是民用剪子，当年，这种剪子利润很低，东北币一万五千元一把，买的人也不多。一天干下来，往往刚挣够糊口的。

平常干活，师娘总是叼个短烟袋在一旁看热闹。这师娘，已经是四十多岁的人了，可是却穿着红夹袄，绿缎裤，一双雕花鞋，脸上搽着厚厚的从奉天买来的胭粉。她往地当央一站，就像来串门的客人，油瓶子倒了她都不扶。在茂盛没来之前，王老汉干了一天活，还要起早贪黑地给她做饭，啥事也指不上这个婆娘，她还对铁匠总挑刺。茂盛看得出，师傅心里有事呀！

晌午时，茂盛收拾完地上活和炉上活，累得满头大汗，端起饭碗刚要吃饭，师娘走上来说："茂盛，去给师娘买串糖葫芦。"

师娘专门吃二道河子老姜家的糖葫芦。上二道河子要路过东盛路一家叫王孔信的铁匠炉，这家也出剪子。可每次，他家门口挑剪子的人都围成一堆。王孔信的徒弟在门口高喊："来吧！来吧！上等的剪子。剪棉花、剪毛，不带刺儿；使三天三宿不累手；最抗造。价格便宜，不买后悔。"买主越围越多，茂盛也不知不觉地停住了脚步。

王孔信对买主说："手头还剩剪子十二把，卖完我就要回关里家我待待，暂时歇炉不做，快买吧！"

买主一听王孔信要歇炉，都上来买。

茂盛也挤上来抢了一把。

待交完钱这才想起，这是师娘要买糖葫芦的钱。想要退剪子，可又舍不得。他看了看手里的剪子，这剪子也真叫绝，制造上谈不上精细，可锋口上有一条东西闪闪发亮，比王荣父亲——自己的师傅打的刀具要高出一筹。他左思右想，还是舍不得退。于是他如获至宝地拿着剪子，一路小跑回了家。

一进院子，就听师娘在屋里喊："茂盛，今儿个老姜家糖葫芦脆不脆?""脆！脆！"茂盛一边答应，一边站下来想主意。

半天，不见人进来，师娘一闪身走出门口，却见郑茂盛手里没有糖葫芦。她走过来，抬手就给了茂盛一个嘴巴。

"你个臭要饭的！你个穷神瘟鬼！糖葫芦呢？我的钱呢？你在大白天就在我家里抢偷唬骗，我这个家架得住你这个强盗吗？"

"师娘，你听我说……"

"我不听，快拿糖葫芦来！"

院子里的争吵声惊动了炉前的铁匠老汉，"呱嗒呱嗒"的风匣声停住了，老汉咳嗽着走了出来。

老汉说："荣儿他妈，你这是干啥？"

师娘说："干啥？你问问他……"

茂盛把事情的经过一五一十地说了一遍，把二道河子王孔信家的剪子递了上去又加了一句："师傅，这种剪子，可真叫靠，锋口上像涂了一层亮油，真是名牌！"

王铁匠不动声色，边接过剪子边喃喃地说："有些货，属绣花枕头的——外香里头是草包。不能光听名啊。你把墙角那铁皮给我，我照量照量！"茂盛给师傅捡来一块铁皮子，师傅抄起家伙，连续来了几下，又翻过来掉过去地看了看剪刀的锋口，突然，他眼里射出惊喜的光来，"茂盛！人家这玩意儿绝呀！"

"是呀！我看着不一般嘛！"

茂盛脸上绽出了笑容。这是他闯关东以来第一次笑啊。

这时，师徒二人面对王孔信的剪子越唠越投机，一旁的师娘却火了，她从来没受过这般冷待，气得她一把揪住茂盛的脖领子，上去给了茂盛一个嘴巴，对丈夫骂开了："好哇！你个老不死的！你向着个臭要饭的。你们谈得可挺开心，可是我的糖葫芦呢？啊？我要糖葫芦！我现在肚里已有了，你不是不知道。我想吃点酸的，为了更保靠！可你不惦记我，不疼我！就知道谈你们的生意！我——的——天——哪——！"师娘说完，坐在地上又哭又闹，茂盛一看，不容细想，说："师娘，你等等……"说完扭头就出了院子。

街上，北风呼啸，寒霜刺骨，茂盛把这些都忘了。

他一口气跑到二道河子老姜家糖葫芦铺，趁着满头大汗脱下自己半新的小褂（这还是离家时，娘含着眼泪给他缝的），求爷爷告奶奶般地和姜掌柜的商量了半天，总算换来了五串糖葫芦，又一口气跑回了四马路。

师娘一见老姜家的糖葫芦，也不问来路，便乐呵呵地接过来，进屋吃去了，王老汉见只穿着一件背心的徒弟茂盛，就啥都明白了。师傅打个唉声，说："这真是造孽呀！"转身进屋要给茂盛找衣服，却被茂盛一把拉住了。他知道师傅当不了家，于是从地上捡起一块干麻袋片，往腰上一缠，笑呵呵地说："师傅，这玩意儿隔热又隔凉，蛮不错……"终日忧郁愁苦的铁匠王老汉，由于徒弟郑茂盛的到来，脸上开始有了笑模样啦。

那年月，学徒都讲究三年为一期，可是，茂盛头脑灵活，来得快；眼里有活，又勤快；不怕吃苦，手脚快。不出一年，他样样活都拿得出手了。再加上他和师傅细心琢磨人家王孔信家的剪子和其他铁活，他们终于突破了王孔信剪子的质量。这一下，王老汉铁匠炉的名字可叫开了。

一天晚上，王铁匠温了几两老白干，炒了一盘牛蹄筋，一盘土豆丝。喝了几口，脸和脖子微微涨红了。

王铁匠叫过了郑茂盛。

"孩子，咱的剪子，现在多少钱一把?"

"两万五（东北币）了。"

"自从你买了王孔信的家伙，咱俩一阵苦钻，把咱过去的剪子超了，从一万五涨到两万五了。孩子，这也有你的功劳。"老汉十分愉快。

茂盛给师傅倒满一杯酒。老汉猛喝了一口，说："茂盛，你干得不错。师傅我就指望你了……""师傅你放心，俺一定好好干。"

老人咳嗽一阵，又说："我明年冬天就保你出徒……"

茂盛一听，赶忙跪下，给师傅磕头谢恩。

茂盛心里有数，自己只要一出徒，挣钱攒起来，买套家什，手艺人这才能独立。

茂盛一高兴，第二天就把烟也戒了，他下狠心用个一春一夏，攒钱买个风匣和几把号锤，再对付寻个窝子，等出了徒，自己挑炉开张。

可是世事，往往不按人的意愿来……

冬天过去了。

干燥的春风一起，城镇的人脱掉了棉袄。二月二刚过，茂盛就出徒了。

自从茂盛的手艺叫响以后，师娘奇迹般地对茂盛好起来了，隔三岔五地让茂盛出去给她买这买那，每次回来，师娘都顺手给茂盛一些。

一次，师娘在院外门口的院墙下拦住了茂盛。

"茂盛啊！我跟你说句话。"

"有事呀？"

"师娘现在手头紧，你借师娘几个……"

"行。"

茂盛心眼好使，就翻开自己的夹袄。他这里缝了个兜，师傅给的钱都贴在里边，一个也舍不得花。

谁知，师娘一把将他的小褂夺过去，把钱拿出去，把小褂扔在他的肩上。

茂盛说："师娘，俺这钱挣得可不易呀，不能都借你！"

师娘一笑说："我还能该黄了你！"说完扭扭搭搭地回屋去了。这哪是"借"呀，分明是抢！那时学徒的，想攒几个钱，多难哪。从此茂盛就留了个心眼，躲着点这类人。这期间，王老汉的儿子王荣也和茂盛近乎起来了。

一天，王荣公开说：

"老弟，你发财了！"

郑茂盛说："是出徒了。"

"出徒就是有钱。"

郑茂盛说："卖水的看大河——还净是钱呢！"

有了师娘的那个教训，茂盛把省吃俭用攒下的几个钱，送到三道街益发合钱庄那里存起来，不料，这王荣还是跟上了他。

"你能出徒，感不感激俺爹？"

郑茂盛说："多亏你爹。"

"是啊，人不能有恩不报。我在外又输了钱。管我爹要，我爹又该着急上火了。你发财，给两个吧……"

"你……"

"给不给？不给我就管我爹要。"

"王哥，你，你今后手头收着点儿，行不行啊……"

茂盛心疼师傅的身板，不得不答应他。

"这就对了嘛。"

王荣得意地笑了，拿走了茂盛辛辛苦苦攒下来的几个钱儿。

每到发俸饷的日子，王荣都到三道街益发合钱庄的胡同口堵茂盛。

一次，王荣又花言巧语，连软带硬地逼走了茂盛的几个钱儿，茂盛越想越伤心，就禁不住蹲在墙根下，默默地哭开了。

天，下起了绵绵的春雨，马家房檐的雨水"哗哗"地滚落在茂盛的头上、背上。不知过了多久，天上的雨越下越大了。街上的雨水流成了河。可是，茂盛觉得奇怪，自己的背上、头上，却淋不着一点雨丝……

他一抬头，见一个穿得破破烂烂的人，正举着一把破伞，给他遮挡风雨。

这人是个女的，十七八岁的样子，长得又黑又瘦，一双大眼睛显得那么明亮，茂盛觉得在哪儿见过她。

"你……"

"茂盛哥，雨水一浇，你会害病的。"

姑娘从破包里抽出一条毛巾，心疼地递过来。

"你是谁?"

姑娘一笑："我，是个要饭的。"

茂盛突然想起来了。有几次他到益发合钱庄存钱，在路口碰上过这个要饭的姑娘，还给过她好几回钱呢……

"别人总想骗你，骗你那辛辛苦苦挣来的几个钱，我看着就替你着急。今天那个叫王荣的一走，我见你伤心，我也很难过，于是就给你送伞来了。茂盛哥，人要想独立，非得有自己的家不可，光有手艺，没有工具不行。给你，这是七万元! 你拿着。今后，我帮你攒，留着买家什……"

茂盛一愣，这人和自己想到一块去了。

郑茂盛说："不，我不能要你的钱。"

"为啥?"

郑茂盛说："你是个穷人，攒几个钱不易，我连你的名字都不知道!"

"你不要，我就不告诉你。"

郑茂盛说："我咋能要一个女人的钱……"其实这点钱，在当年只够买两把好剪子的。

"茂盛哥，好早我就瞄着你，我知你是个穷人，是个好人。你要不嫌弃，就……收留我吧……"

"啊!"

茂盛着着实实吃了一惊。

"我在外面辛辛苦苦奔波,一个人,没有依靠。你要是可怜我,就收下我,不然,我没处可去呀……"

姑娘那可怜的目光,使茂盛心软了。他下了狠心,说:"不是我不收留你,我现在也是寄人篱下。这样吧,我去求求师傅,说说看。"

姑娘用感激的目光盯着茂盛,点了点头。

在当年,王老汉家的铁匠铺子,虽因茂盛到来买卖兴隆一些,但毕竟王老汉已是年近花甲,风烛残年之人了,加上师娘每天吃香的喝辣的,儿子王荣输耍不止,买卖上的收入真是供不应求,特别是人手越发紧张起来了,茂盛领来一个叫玉香的姑娘,跟师傅一提,师傅立刻就同意了,因为铁匠铺里缺人手,可是却惹出了一场大祸。

玉香来后,铺子里的一切杂活她全包下来了。每天,放上桌子吃饭的时候,师娘就骂家里的猫。

"你这个馋鬼!懒贼!有你这日子还有好?快给我滚出去!——滚!"说着就拿笤帚疙瘩赶猫,然后就拿眼睛瞪玉香。

这哪里是骂猫哇!玉香不敢动筷。

王老汉气得直咬牙,在一旁说:"吃饭啦……"

师娘一听却炸了。"老灯台,你的心眼长邪了,他姓郑的一个人来吃还不够,又勾来一个,我的铺子架不住这造腾!"

老汉气得嘴都抖上了。

"丫头！你吃我这份！"老汉说着，把一碗饭递过去。玉香刚要接，师娘就跳起来，一把夺过手里的碗，照玉香的头上就飞来，玉香来不及躲闪，碗卡在额头上，眼瞅着一个大口子直淌血。可是，茂盛却拿不出钱给玉香治，老汉感到奇怪，就问茂盛存的钱都哪儿去了，茂盛吞吞吐吐，不肯说出钱被骗走的缘由。玉香却板不住了，一五一十说出了真情，又加了一句："师娘和师哥的心，真狠哪……"

老汉一听，"哇"的一声，嘴里吐出一口鲜血，昏倒在炉子旁不省人事了。

王铁匠一病病了二七一十四天。这天晚上，老汉稍微轻了一点，他有气无力地把茂盛和玉香叫到跟前。

"你们两个苦命的孩子，也许是天生的一对。我要不行了，你们现在就离开我，不然，你俩又会受牵连……"

"师傅，我们不走！"

"为啥？"

"给你送终。"

"不行！"

老汉大声咳嗽一阵，说："小秃头上的虱子——明摆着，我一死，你们惹不起这两个小气鬼。不能让你空手，师傅我带你一回，不能让你白来一回，来，你扶我起来……"

茂盛赶紧扶老汉坐起来。

老汉从枕头底下摸出一张黄纸，说："这是两个地点，你要保存好，记牢，我死前，铁器给你留几件，分别埋在这两个地方，到时候你取出来，就算是你的家底了。不要小瞧师傅这几件破烂，这还是我爹他留给我的呢……"

"师傅，快别说了……"

茂盛含泪收藏好了这张黄纸。

"记住师傅一句劝，人生在世，手艺重要，人品更金贵。"老汉落泪了。就在这年秋天，茂盛和玉香完了婚，二人恋恋不舍地告别了王铁匠，回关里家去了。

古老的黄河，那年月，连年洪水暴涨，沿岸大片的农田都荒芜了。成群结队逃难的人闯关东、走西口、下南洋，唯有郑茂盛领着妻子奔往关里家。

娘见了儿子又喜庆又悲凄。

喜庆自然不用说了，儿子领回一个贤良的媳妇；悲凄的是，关里家的日子更不好过呀。娘说："茂盛，你回来干啥！就留在关东图个活命吧……"

"我们是回家看看你！"

"行了，现在看见我了。快走吧！"

娘下狠心撵儿子走，是为了他能有条活路……

人生，还有什么比母子的生离死别更凄凉的呢？况且茂盛是个疼娘的孩子啊。娘不容分说给他打好了小包，送儿子和媳妇来到村口的"分手亭"。

从这儿往北，就是黄尘滚滚的土路了，荒路遥遥地伸向苍茫的天边。

老娘手拄一根棍，张开嘴，却又不让哭出声。嘴角抽动着，热泪满面，满头零乱的白发在秋风中抖动着……

"娘——！你是生我养我的亲娘，我是你的骨肉，我就是走到天涯海角，心里也惦记着你！"

儿子"扑通"一声给娘跪下了。

娘说："光惦记没用，你要创一番事业啊！"

"儿记住了。"

"学铁匠，也能干出花来！"

"嗯。"

儿子在尘土飞扬的土路口，给老泪纵横的娘磕了三个头，然后站起来，转身踏上了往北的荒路。

他领着玉香，辗转一个多月，在一个严冬又回到了宽城子。心想到四马路铁行街看看师傅，谁知王家铁匠铺已经不存在了。王老汉在两个月前身老病死了，师娘从人改嫁了，师哥变卖了老爹剩下的工具和房木，出外谋生不知去向了。

由于王老汉死在这个屋里，这个地方也没人住，现在院前院后荒草丛生，老鼠在房子上下窜来窜去，满目凄凉。茂盛扑在门框上痛悼师傅，可王老汉埋在哪儿，问谁也不知道，茂盛当下打开院门，修理漏房，铲去荒草，又按师傅生前提供的地点，果然在伊通河边上挖出了师傅生前给徒弟埋下的铁具，又找保人写字据，从对门辛师傅家租来一个风匣，玉香和他动手翻修了炉子和烟囱。茂盛又在铁行街站住脚，挂出招牌叫"茂盛铁铺"，开张打铁。

那时候，长春铁行街西边的回民牛肉行最能使刀，卖牛肉的经常上铁行街"踅摸"可心的家什。谁知因为一个偶然的机会，倒使回族的牛肉行的掌柜们，一下子相中了郑家炉的刀具。

这天，辛师傅家的二小子办喜事，郑茂盛应邀上前来捧场。早饭过后，一顶花轿颤颤巍巍停在铁行街的小道上，一个如花似玉的姑娘，头披红巾，被人搀扶着，从轿里慢步走下来。门前的人，立刻闪开一条路，鞭炮齐鸣。走在前边引路的大伯嫂来到门前，正待往屋里进，只听"哧喇——！"一声，大家一看，都吃了一惊。

原来，这所新房是旧房子改的，在修房时脚手架门旁钉的一个大钉子忘起下来了，不承想在这当儿，刮坏了人的衣服，辛师傅一看，气得上去就拔。可这根足足有小手指头粗的钉子却纹丝不动。大家一时慌了神儿。有人拿来锤子，有人拿来钳子，主人没有命令，也不知是拔还是钉。正在大家犹豫发愣的当儿，只听有人喊："闪开——！"

大家回头一看，只见急中生智的茂盛已从自家的铁活中摸出一把菜刀奔过来。

人们心里不禁埋怨开了："这不是胡扯吗！""哪有菜刀砍铁钉的！""弄不好刀崩虎口裂……"

"当——！"

一声清亮的脆响，打断了众人的思绪，冲掉了人们的犹豫。郑茂盛手起刀落，再看那手指头粗的钉子，已刚好贴着门框齐刷刷地断了下来，郑茂盛手中的刀却连个小崩牙都没有⋯⋯

"好家伙！"

"好火候！"

"郑茂盛！你真行啊⋯⋯"

"呜哇——！呜哇——！！"喜悦的喇叭声，淹没了人们对郑茂盛的赞扬。他呢，却拎着那把老菜刀，悄悄地溜回自己那烟熏火燎的炉子间去了。

红白喜事，人来众往，一下子把郑家的菜刀传出了名，都传神了。有人说郑茂盛炉的菜刀削铁如泥，砍铁就像削猪头肉。还有人拿一片铁，说是郑茂盛菜刀削下来的当场捡到的。在当年，郑家的这种菜刀背厚、膛薄，大把儿，小刀刃上淬了一溜火。这种刀乍看上去，又笨又不怎么美观，可一使起来，顿觉随心所欲，得心应手。特别是见过辛家婚礼上刀砍铁钉那一幕的人，把这刀形容得更是神秘莫测。不知不觉，来郑家买刀的人就像初八、十八、二十八赶庙会似的，推搡不开，郑家的买卖一下子红火起来。

这年五月节，玉香请来一位老者，给铁匠铺卜了一卦。老者说："郑家主人面有财喜，将来定发无疑，干脆改炉换号，叫'郑发'炉吧。"郑茂盛知道了这件事，说："人归人，名归名。我不信那一套。"

妻却说："茂盛，你我这一生，辛苦奔波，总算有了自己的炉和家。俗话说，人往高处走，水往低处流，我乞求老者卜卦，不是算命，主要是图个奔头。要说成名，这也是个名，要说是神，这也是个神。我们不信神，可也得信个将来的前程⋯⋯"

丈夫说："嗯，那就改炉叫'郑发'吧。发下去，刨开来……"

从此，"郑发炉"就叫开了。这个名字，从此给历史留下了一串神秘的故事。

在当年长春的铁行街，一共有二十多处铁匠炉，唯有郑发炉的门前，终日买主不断。那时，回族的牛肉行每年都从古老的蒙古草原赶回大批的老牛，他们切肉剔骨最乐意使"郑发菜刀"。屠户和买卖人说："郑发的刀，切牛筋不走横，切板筋不留丝。"

郑发炉，真就"发"起来了，郑茂盛和使他无意中出了名的老辛师傅成了"至交"。

夏日的晚上，铁行街口就成了一个"故事会"，各家铁匠们围住郑茂盛，大家你一言，我一语，细心地磋商民间刀艺，一个个手里捏着小泥茶壶，喝得"吱吱"响，花脚大蚊子叮在师傅们的脸上，也忘记了去打去轰；冬夜，师傅朋友们就蹲在郑茂盛家的炕头上，老北风卷着大雪，在寒冷的街巷里吼叫，他们却一唠就是半宿，常常弄得玉香不得不搂着孩子，睡在外屋的小道杂里……

古老的中国，有长江、长城这些宏伟的艺术创造，在世界的艺术之林中毫不逊色，可是，祖国的民族工业在那些艰难的年代里，要跃入那些有多年大工业史的资本主义强国之伍，又谈何容易呀！可是，那千千万万的平民百姓，为壮我中华民族的阳刚之气，在民间奋力地描绘着民族工业史……

"郑发，你的刀咋弄得那么绝呢？"师傅们都叫他"郑发"，一来二去，他的真名"郑茂盛"反倒被人们忘记了。

郑发说："这铁活，火候最重要。有一回淬火没对好水温，我就浇上一泡尿！"

"哈哈哈——！"民间的穷铁匠们开心地笑了。有人说："铁匠的性格就是沉默寡言。"这话有理。郑发平时一天不说三句话，只是做、想、干。他的心中总是在琢磨——把像样的"货"拿给买主——这就是他的信条。

郑发卖刀，最烦别人讨价还价。熟悉他脾气性格的人，来到他炉前交了钱，拿一把就走，根本不用说什么。可也有一些喜欢饶舌的人。

"这刀多少钱一把？"

"东北币三万五。"

"啊呀！够一说呀！"

"你走吧。"

人们常说，铁匠都是犟眼子。其实，郑发心里有他的想法：我不糊弄你。你不要，是信不过我呀。但是，买东西谁不想挑挑、还还价？可是一来二去，习惯成了自然，大多数人来郑发这买刀不讲价、不挑货，摸一把就走。人们在心里信任着郑发呢。

有一天，郑发正在忙活，来了一个人，说："你的刀有名无实，不快。""谁说的？"郑发粗声问。

来人说："用户呗！"

"好。你把那不快的'郑发'刀给我取来！"

"好！"

不一会儿，那人来了，果然拿着一把打着"郑发"字印的菜刀。

郑发接过看了看，说："刀，光使不磨不行。关云长的青龙偃月刀不磨也没有寒气。"说完，回身进了屋。

那人以为郑发进屋换刀去了，急忙跟着走了进来。却见郑发把那把刀在磨石上"噌噌"地磨了几下，就出来了。只见刀刃上闪闪发亮，在阳光下直刺人眼睛。郑发一言不发，手提菜刀，四处寻找着什么。突然，他的目光落在对面镜子里自己那满脸的胡子上。只见他奔到门口，在洗脸盆旁的胰子（胰子——民间对肥皂的称呼）上抓了两把，胡乱地抹在脸上，然后猛地把手中的菜刀抛起来超过头顶三尺多高……

这时节，由于有人要退刀，看热闹的人已围了一大堆。人们见郑发把手中的菜刀扔起来，都吓得"哎呀"一声，急忙向后闪去。说时迟，那时快，郑发上前一步，瞅准火候仰起脸迎着那飞落下来的刀刃，右手顺势接住刀把。只听"唰"的一声，他的像钢针一样的连毛胡子，已被刮得干干净净。他接连抛了几次，刮完了脸，又挥起这把刀，将早已准备好的地上的铁丝子齐刷刷地砍断了几根，那把刀的刀刃一点都不豁。

那人笑了，一把夺过这刀。

郑发说："我给你换一把也行。"

"不不！就要这把！"

那人服气地走了。

"不满意，再来换……"背后传来郑发的喊声。

“郑发刀——”

“谁买郑发刀——！”

一时间，竟有人打冒枝。在宽城子、东大桥，在宋家窝棚，在南关老爷庙一带都有。出去跑买卖的人甚至捎来信说在黑龙江的三岔河、双城堡，奉天（奉天——从前人们对辽宁沈阳的称呼）的新宾、芝麻城子、狐狸号一带，竟然有郑发分号，真是笑话！

郑发心里有数，这是做损（做损——东北土话，心眼坏）哪。这样的人不能叫“铁匠”。要算铁匠，也属于世界上最没出息的那号铁匠。不过，如果天底下就一家郑发，那么技艺还咋发展？多出点“李发”“王发”，这才是好景儿。就从这天起，他把自己那个刻有“郑发”二字的铁戳，牢牢地系在他的腰带上，连自己的妻儿老小他也不让去摸动。每打好一把刀，需要盖铁章了，他都是翻来覆去地检查这个样品，就像慈祥的老人在翻看儿子一样，直到他认为再也不会丢损他“郑发”的名誉时他才小心翼翼地从裤腰上解下宝贝疙瘩似的铁戳，“当”的一声，用锤子牢牢地印在刀背上。

在当年，他的炉打的刀，已由菜刀、剪刀，逐渐发展成为甘蔗刀、牛耳刀、提刀、厨刀、扒皮刀、水果刀等十多种。他的菜刀特点最明显，有人给他送了七个字：背厚，膛薄，一锋梳。他的刀本来半尺多长，可有的人往往用到剩半块豆腐那么大了，还是舍不得扔。那真是：剁排骨——不崩不卷；切姜——不留丝不留毛；切棉花——面墙；刮胡子——不破皮，真神了！

可是郑发不满足，他每天煞费苦心地琢磨刀的技艺。各个时辰所用的煤炭，他都挑选出大小不同类型的块，分别加入炉中；淬火的水温也变幻莫测；刀刃上的"钢口"必须只露韭菜叶那么大，宽了也不行，窄了也不妥。

一年夏天，妻子从外回来，闷闷不乐地对丈夫说："世面上有一种叫'九光'的菜刀和剪刀，这种刀，锋利无比，价格又便宜。这一来，咱们的买卖可要砸锅呀……"

郑发却笑了笑："这是好事。有超过咱们的，咱就学呗。不知是哪家炉干的？"

"听说是日本人的洋货。"

"啊？这咱更要见识见识……"

一天，郑发听说头道街贾家铺子有"九光"牌刀，就和玉香去"开眼界"。

这贾家在当年，本来是开着一家杂货铺，他有一个儿子在日本人的协和会里干事，时常能弄到日本人的一些"快货"，这"九光"牌刀就是贾家卖起来的。这贾掌柜的见大名鼎鼎的郑发来了，倒也热情，命令跑腿的又点烟又倒水，问：

"郑大炉！（这是当年社会上对郑发的称呼）光临小店，想必有事吧？"郑发说："是来麻烦你一件事。"

"你有事只管说吧！"掌柜乐呵呵的。

"是这样。听说您的铺子里进了一批'九光'牌刀，不知能否和东洋人见见面，就说我郑发想拜访他……"

一听说是为了他铺子里的"名牌货"而来的，这掌柜的一双厚嘴唇子可就闭上了，一本正经地对着郑发笑了。郑发说："掌柜的，有话直说！"贾掌柜皮笑肉不笑地说："你还用学？""当然。人活到老，学到老。"

贾掌柜不耐烦了，神气地说："我看你郑发还是死了这条心吧，听说人家是用云彩和露水来淬火。咱们办不到……"

"什么……"

"这是人家祖传手艺，就凭咱俩这两下子……哈哈哈……算了吧！算了吧！"

"啪——！"

郑发一掌拍在桌子上，贾掌柜一愣，刚要发火，就见郑发两道粗眉拧在一起。妻知道丈夫的脾气，急忙拉了一把郑发，"茂盛，快！咱们走吧！算了吧。"

郑发站起来，从牙缝里挤出一句话："贾掌柜，我没承想你替人家吹牛。我郑发要不搞出比他'九光'强的刀来，就大头朝下走路给你看！"说完甩袖而去。贾掌柜愣在那里，半天说不出话来。

郑发要拧一个劲，十头牛也拉不回。他突然地爱上了说书，妻知道他为了啥。

在当年，长春南关老爷庙（又称朝阳寺，以供奉关公而出名，民间百姓把关公称为"关老爷"，所以俗称老爷庙）庙会最红火，郑发去赶庙会不是上香磕头，他是去听庙墙外边一个穿着又黑又臭的长衫的说书艺人讲《封神演义》和《西游记》。

众所周知，铁匠、木匠的祖师都是鲁班，而这两个行当又都供奉老君神。小时候，郑发就听村里的铁匠说过："老君爷的拳头，就是铁匠的锤子。老君爷的膝盖，就是铁匠的砧子。老君爷打的铁人都能活。"传说铁匠和老道是一辈人，过年过节供老君，有规矩，打铁的砧子不兴坐人，就像山里伐木的不能坐树墩一样。山里人说树墩是山神爷的板凳，而铁匠行说砧子是老君的饭桌。一次，一个老道来化缘，按照铁匠的老俗，郑发把大钱放在砧子尾上，老道得用双手捧着。如拿不好、捧不稳或拿不住，铁匠就要用开炉的大铲揍他。郑发有一回路过庙会，偶尔听说书的讲"干将莫邪（干将莫邪——我国古代传说中的人物。据说他们造的剑最锋利）造剑"和"老君炼丹"的故事，心里一震，那次，他离开贾掌柜家，心里烧得好几宿不安宁。自打"九光"日货涌进市后，郑发和其他一些铁行伙计们的生计就越来越不景气了。使他更气的是，有些中国人也跟着虎洋情（指帮着别人吹，长别人的威风），他真看不惯那些人的一身奴才相。

郑发往往睡到半夜大骂一声，一跃而起。妻忙给他披上老棉袄。他按上一锅关东土烟，坐在炕上，默默地抽，听着老北荒的夜风在街头上吹刮，问妻："咱的刀，现在真不如人家？"

"嗯。"

"差在哪？"

"人家的钢口和火度都准，咱的料和工具太旧。"

"嗯。可我要赶上去。不蒸馒头，我要蒸（争）这口气。"

他狠抽了一口烟。

烟锅里的火亮，一红一闪，一闪一红地亮着。挂在墙上的老钟"呱嗒呱嗒"地走动着。

街上，深夜的风卷着墙角的尘土，一下下地打在窗上，那"沙沙"的细微的响声，配上西二道街"九圣祠"（长春的一座老庙名，其实是阎王庙九圣祠，指九层地狱里的鬼卒，此庙从前坐落在西二道街胡同里）钟楼角上的"铁马"在夜风扫动下发出的单调清冷的"叮当叮当"声，一下子把人带进深沉的思虑中去了……

这天，他买了一瓶老白干，来到了说书艺人住的大车店，问："先生你说，干将莫邪造剑的奥秘在哪?"

说书艺人喝着郑发的酒，吃着郑发带来的熏鸡，问郑发是干啥的。一听说是铁匠，顿时喜上眉梢，接着一本正经地告诉郑发："有人说我讲的是吹牛，其实是他们不知书中有奥秘。老师傅，你这一回算问着了。其实，干将莫邪造剑不是靠神力，是靠智力!"

"智力?"郑发听愣神了。

"是啊，一般人，总把人间一时办不到的事归给神，说神啥都能办到。他们无意中毁了自个儿的智慧。错就错在此。比如干将造剑，书中说他造的剑，要骑在马上，口念天符，在十字路口跑上几圈儿立刻就锋利无比。老师傅，你细想想，这其中有什么道理?"

"剑出火炉时是赤红的吗?"

"当然。"

"直接提剑出门上马?"

"那是! 那是!"

"先生！俺懂了……"

"什么？"

"举剑在十字路口奔跑，那是利用风来淬火呀！"

"好聪明的铁匠！"

说书艺人两眼发亮，酒也不顾喝了，鸡也不顾吃了，搭住对方的肩头，"郑发铁匠，你看破了神的天机，将来必有可为！"

郑发说："承蒙先生指点，使我顿开灵窍。"

二人当下结拜为兄弟。说书先生又给郑发讲了许多古代道士炼丹、造剑、铸造、冶炼方面的神话，启发郑发深沉地思索着内中的科学道理，终于，他明白了，古老的祖先，早已创造了极丰富的铁活经验。回去以后，他也试着用风淬火，招儿都想绝了，人也累完了，终于悟出一条改造"郑发菜刀"钢度和硬度不够毛病的经验。他又把刀的背加厚，增大了下压力；加钢时在刀刃上折个口，然后加钢，钢套得牢靠、均匀。他把刀拿到市面上一露头大家都承认，"郑发刀比过去又有长进了，钢包得均匀，火收得利索，温度上得恰当，淬火度是丝毫不差……"但光洁度，还是不如"九光"。

一天郑发从铁料厂回来，一进院，儿子郑树林就跑出来，说，"爹，有个人等你老半天啦！"儿子话音刚落，门里黑影一闪，走出一个光头胖男人来。

眼下刚刚入冬，可这人长袍马褂，脚蹬上等毡疙瘩，紧缩个脖子，一双小眼睛眯成一条线。郑发一眼认了出来，这就是南关杂货铺的贾掌柜。"哎呀，郑大炉，你可回来了，我找你有大事呀！"

郑发眯起眼睛，打量着贾掌柜的光头，好像要透过他那光光的头，看见里边想什么。贾掌柜却不顾郑发的眼神儿，把肥厚的嘴唇凑近郑发的耳边，急促地说："上次我的话太难听，请郑大炉海涵。昨天我儿子回来说，'九光'刀的老板想找你商量咱们合资经办铁匠炉的事……"

郑发没吱声，低头走进屋。

他恨，恨这号人物。从小时候起，郑发就恨那些左右逢源的圆滑之人。贾掌柜跟了进来，郑发不得不说："贾掌柜，既然你已经答应了，就和他经营合办吧。""怎么，这么说你是同意了？"贾掌柜一听，顿时喜出望外，发财的欲望冲昏了他的头。郑发说："好吧，腊月里你能够找到我，咱们就合办……"

"一言为定？""决不失信。"

这年一进腊月，贾掌柜就盯上郑发，隔三岔五地来和郑发约定洽谈的日子。郑发一气之下说："腊月二十五，你来找我。"

一进腊月，北风一起，天上大雪整日飘飞，人们冻得谁也不愿出门了，一个个坐在家里，守着小火盆，烤烤火，唠唠闲嗑儿。

寒风，大雪的严冬，勾起郑发一阵阵想娘的心绪。

过了腊月二十三，家家忙着筹办年货，郑发也在筹备着。

在长春南门外集市上，他买来一个猪腰子柳条筐，妻亲手给丈夫缝个布袋，这一筐一袋，装上他用省吃俭用攒下的钱从鼎丰真买来的"八件""芙蓉糕""萨其马""绿豆糕"，还有从永安桥王带房家给娘买来一条关东的麻线腿带子和一双老布袜子。这些东西，他年年都预备，然后回关里家亲自守着老娘过年。

二十四晚上，他照旧要去给死去的王铁匠烧纸。铁行街出门不远就是十字路口。他展开打好的一大叠老黄纸，在地上画个圈儿，然后把写有"师傅王海山收"的黄草纸点着了。郑发不信人死后还能收到钱，心底里全是出于对师傅的思念，烧烧纸，解解心疑。真的，活着的人这样做了，似乎心里稍稍地宽慰了一点。

夜风，把烧透的纸灰刮起来，在半空中一闪闪地熄灭了。妻站在一旁，领着孩子。郑发低声说着话："师傅啊，徒弟我现在过得好了，我忘不了你老人家的恩德。我记着你的话，知道咋样为人，干活……"

这一年，儿子已经八九岁了，他睁着思索的大眼睛，看着爹那神秘的活动，猛然间他发现，爹的眼角有两滴闪亮的、像金豆子似的东西，慢慢地滚动下来。儿子挣脱开娘，走上去，用小袖头给爹擦去泪花。

腊月二十五，贾掌柜一大早就来到郑发家。

玉香说："他走了……"

"上哪?"

"回关里家了。"

"哎呀!"

贾掌柜掉头就往车站跑。

夜里的一场大雪，街头上全白了。小西北风打着呼哨在空中吼叫着，风把新雪旧雪混在一起，又冻成晶莹的冰路。

天刚蒙蒙亮，郑发穿着一件洗修得干净的旧黑布长袍，戴着一顶毛已磨掉大半的破狗皮帽子，一条已经开了线的烟紫色线围脖，脚上是一双家做的老棉鞋，背着一筐一袋，在关东的冰路上，嘎吱嘎吱地走进了陈旧古老的长春火车站站台。铁路警缩着脖子，夹杂在乘客中，口中吹着哨子，驱赶着乘客靠边站。一列老式机车，喘着粗气驶进站台停下。回关里家需要在奉天（沈阳）倒车，郑发急忙随着人流挤了上去，这时，贾掌柜也赶到了。

　　"郑发，东洋人同意，与你经营，你可不能错过这个机会呀。"贾掌柜隔着玻璃窗，苦口婆心地劝着，"下来！快下来吧！"

　　"贾掌柜，你别费心啦。"

　　"你是在生我的气吧？"

　　"不干就是不干，"郑发说，"我不信，咱中国人就笨。"

　　"哎，你会后悔呀。"

　　"不会后悔。"

　　"郑大炉，你再考虑考虑，你下来……"

　　机车"咣当"一声启动了，贾掌柜气坏了，愤愤地说："郑发，你别敬酒不吃吃罚酒。"

　　郑发说："你想想，我郑发为啥不理你？"

　　"东洋人可不是好惹的！"

　　站台铁路警揪着他的脖子，"闪开！闪开！"

　　贾掌柜摇摇头，绝望地说："郑发呀……"

　　机车加快速度，扬起站台上的雪末，飞快地开走了。

民国八年（1919）秋。郑家屯的"仿九光"与吉林的很多名牌刀匠要进行刀剪比赛，大家都报了名。比赛要在五月端阳举行。

民间各铁行的艺人要举行技艺比赛，听说有双辽的"戈大刀""双葫芦"，白城的"宋傻子刀"和宽城子的"郑发刀"，这些日子里，郑发觉察到一件怪事，铁行街里的好多人，见了他郑发，都匆匆地躲开了，有的走个对面，不得不打个招呼，往往也是只说个一句半句，就急着过去了。郑发百思不得其解，朋友们对他的冷淡深深地刺痛了他的心。"唉！是不是你做了啥对不起大伙的事儿?"玉香也心焦地提醒他。

这阵子郑发觉得，人不能没有朋友。一个人要是没了同心对意的朋友真受不了。回想起师傅们，还有铁行街的老老少少，从他郑发当学徒的时候起，就对他格外照顾。要没有这些好友的关照，他郑发就没有今天，他要报答朋友们的恩情。可是，他又实在想不起来哪些事对不起朋友。

"玉香，我想好了，"夜里，他和妻商量，"哪天我请请师傅朋友，给我指指错，我一定听大家的，改我的错。不然我受不了啦。"

五月初三，郑发叫妻子玉香弄来两瓶老酒，割了几斤猪肉，炒了几个菜，打发孩子特意去请辛师傅来。孩子去请了两次，辛师傅都不来。郑发更觉奇怪。他亲自去，终于把辛师傅给找来了。

酒桌上，辛师傅开始闷闷不乐地喝着。郑发实在忍不住了，问："辛师傅，我郑发是你一手接济起来的，就我现在的风匣，不还是你当年借我的老风匣吗，咱哥儿俩该同心对意，无话不说的。今儿个你能不能告诉兄弟我，这些日子，大伙为啥冷淡我？"

郑发说着，竟孩子似的难过得抽泣起来。老辛师傅的眼眶也湿了。

他猛喝了一口酒，这才说：

"郑发，今儿个大哥是想跟你说句话，你听不听？"

"我听。"

"我求求你，别把刀打得那么好！"

"为啥？"

"你越行显得我们越不行。"

"……"

郑发呆了。他没想到，他敬重的老辛师傅，竟是这么个想法。

辛师傅见郑发发愣，以为他回心转意了，他给郑发倒上酒真诚地说："这不是我老辛头个人的意思，这可是整个铁行街弟兄们的共同意思，大伙是叫我来劝说劝说你，人生要不显山、不露水，不前不后，不好不坏——这是中国民间千年的古俗，出头的橡子先烂。维持个一般的水平，大伙都有口饭吃。所以你别去参加什么比赛集会啦。"送走了辛师傅，郑发一点睡意也没有了。

他一锅接一锅地抽着关东老烟，大声地咳嗽着，妻在他的背上心疼地敲打着。郑发这个刚强的汉子，再苦再累也不落眼泪疙瘩，可想到铁行街的炉友们冷淡他时，大颗的泪花涌出了眼窝。

初夏夜的旱风，把外间炉子的煤烟味儿吹来。多熟悉的气息呀，多少个日日夜夜，他郑发嗅着呛人的煤烟味儿，拼命地追寻着的是啥？不是他个人的名和利，真的，他不承想他自己会出名。他常对徒弟、妻子和孩子们说："要让买主信得过咱，谁的钱也不是大风刮来的呀。咱们打铁的，就该把又好又便宜的刀卖给使主。这有啥错呢？难道，就碍着铁行街炉友们的面子，不往好里求了吗？就到此为止了吗？……"

"孩子他爹，自古道，得罪了同行，就似孝子虐待亲娘，没有好结果的。再说，咱还想不想在这儿站住脚了？"妻担心地劝解丈夫，干脆服了软，不显山，不露水，和大家平步吧。郑发沉思了许久，突然，他一拍炕沿，说："我郑发不是图我个人名声好听，再好听，我不还是一个'臭打铁的'吗？我郑发图的是买主使我的家什能得心应手，这比我郑发得了金山银山还强！"

"可是，辛师傅他们……"

"辛师傅他们，迟早会理解我的！"

主意一定，十头老牛也拉不回。在草原重镇通辽举行的赛刀会上，郑家的刀一举闹了个头一等。他回到铁行街，在炉友们冷淡的目光中，心里萌发了搬家的念头。俗话说，"折腾穷，穷折腾"，这话一点不假。民国九年（1920）秋天，郑发卖掉了铁行街的老房，扒炉拆院领着一家子人，迁到了伊通河北岸（今东大桥）东天街的一个胡同口，又支起"郑发炉"，走开了他艰难的后半生的路。

郑发老了，一层层白发从鬓角向上爬去。

一年冬天的夜里，全家人刚端起饭碗，门口就传来敲门声。妻子开门一看，是一男一女两个要饭的。那男的已是中年之多，那女的已是白发苍苍了。每次来要饭的，郑发和妻都要满足要求，这回妻子也不例外，叫他们进来，玉香进里屋去给他们端饭。她端了两碗饭刚要出屋，就听外屋那男的对那老太太说："娘，这家好像是我郑茂盛兄弟家！"

那老太太高兴地说："是吗？"

男的说："你看你看，墙上挂的不正是我爹原先总拉的那把胡琴吗？"原来这是师娘和师哥要饭走到这儿来了。

原来，郑发从关里家回来后翻盖房子时，一直保留着王老汉生前的那把蛇皮胡琴，他不会拉，是为了留个念想。玉香听到这里，扭头就往回走，她把这事对丈夫说了，末了又加了一句："他们伤天害理的也有今天。咱们不能给他们饭吃……"郑发一听，沉思片刻，却说："玉香，我看见你头上的伤疤，就想起师娘的狠毒，可眼下，他们已成了流离失所的人啦。不看他们的面也要看师傅的面，咱们不能撵他们，快把他们请进屋来吧。"

可是妻子回到屋里一看，人已不见了。

原来那要饭的正是当年的师娘和师哥，他们一想起当年自己咋对待人家，就断定郑发不会理他们，又加上听见了玉香的话，就急忙溜走了。

郑发一听师娘和师哥不见了，急忙穿鞋下地，提上一盏灯笼，深一脚浅一脚地追了出来，终于在伊通河边追上了这母子俩。回到家，郑发叫玉香给师娘和师哥找出合体的旧衣服换上，又安排了热饭菜招待他们。

师娘痛哭着说："茂盛，师娘和你师哥对不起你，我没承想你们有这么好的心肠。你真的不记恨我？"后来，郑发还给师哥安了家，待师娘像亲娘一样呢。郑发就是这样一个人哪。从那，他和师娘、师哥又一起经营起这个铁匠炉来了。

1949年新中国成立了。同行们想起了老郑发，辛师傅着大伙又把他接回铁行街，郑发和辛师傅抱头痛哭。他们都在哭述从前的那些岁月，就是因为穷，因为国家被人欺，所以人也志短。而如今解放了，人应该抱成团干一番事业啦。公私合营以后，郑发干得更来劲了。当时援外的、大宴会和各单位难度大的刀活，都来向郑发请教。

有一回一个全国性的大会要在南湖宾馆召开，宴会需要一大批好厨刀，这个任务就交给了郑发。而他也真不负众望，一下子出了名。

1954年，他被选上了长春市南关区人民代表大会的代表；1956年，他被选上了长春市人大代表；1957、1958年，他被选上了吉林省的劳动模范！他还笑眯眯地坐在省委书记身边照了许多相。凭啥？不就是凭他郑发一生走过的实实在在的路吗？1968年秋天，郑发去世，可他一辈子苦心经营的刀，由长春市刀剪厂投入了批量生产，在全省和全国各地杂货店里卖着，老主顾们一张口还是问："有没有郑发刀哇？来一把。"

这是吉林人民和长春人民的骄傲，也是中华民族的骄傲。一把刀，一把普通的菜刀，一个神奇的故事。这个神奇的故事，连着古老民族工业的发展史。

写这个历史的不是大人物，而是普通的老百姓：郑发。

这正是：

扣冷啥，像个啥，打个鹦鹉来上架。

要个啥，做个啥，铁疙瘩能做牡丹花。

郑发手艺巧又精，百姓心里有名声。

只要你炉儿火苗亮，百姓不会把你忘！

（九）隋家炉

隋进才，他是一个以自己的铁画作品而出名的吉商文化传承人，他的作品鱼、饺子、辣椒……简直以假乱真！在多次国内外非物质文化遗产展示会上，人们都对他的作品惊叹不已，就说他以铁做的鱼吧，人们甚至编出顺口溜说：

要说奇，真是奇，

远看像条鱼，

近看像条鱼，

用手再一摸，

原来是铁皮！

这种以铁创造出来的物，民间称为"铁画"，在我国民间，已有久远的历史了。说起隋进才家的铁画技艺来历，话可就长了。

从前，在山东省海洋县的东南，有个叫倒根箭的地方，这可是个古老的地名。这里有一座山，从远处看去，就似倒插在那里的一根箭。相传，远古时期，有一年，青牛破土，天下洪水泛滥，人们生活在苦难当中，于是大禹四处救水，他手持利箭，追赶那只青牛。大禹手中的一根铁箭在空中挥舞，青牛已拼命逃到河边，大禹怕它逃走再涂炭百姓，便抛出利箭刺去，只听"轰隆"一声巨响，利箭刺倒青牛，青牛倒毙，大禹的利箭从此变成了倒插在那里的半根箭，留在了那里，从此治住了青牛和洪水，天下成为太平盛世，五谷丰登了。人们感恩大禹，就称此地为倒根箭。

倒根箭，从前有座龙王庙，里面供着龙王和大禹，大禹手持利箭，以保天下平安，而倒根箭这地方从此留下了一个习俗，每年庙会，地方衙门都要举行盛大祭祀，给大禹"亮箭"。这亮箭，就是换箭。由当地铁匠每年献上精美的宝箭，再由当地衙门和庙上主持"选箭"（评选工匠），为大禹换上新箭。百姓纷纷来上香，这些仪式格外红火，也一下子催生了一个行当和一种手艺，那就是铁匠和铁画技艺。

当年，当地已有了这样一个习俗，如果哪个铁匠制作的宝箭能被大禹庙会选上，这人便被推举为当地的铁匠状元，胸前戴上大红花，被人抬着游行，来到海洋府衙，接受县官礼待，并奖励一头挂着红花的老牛，匠人牵回去种地。这可不是一般的荣耀啊！

你想啊，能被古庙选为"亮箭"的宝箭，不但箭的炼就材料、火候、打制手艺必精，而且箭的装饰和箭把的贴金、涂箔、挂珠、漆彩、镶嵌、掐皱等工艺十分烦琐，格外讲究才行，这就逼着每个铁匠必须要精通铁艺铁技的多种技能，才敢参与庙会的才艺比试。

当年，在倒根箭村不远，有个隋家屯，屯里很多人家都从事烘炉铁业，人称铁匠屯。铁匠屯里，有个老隋家，祖上都是铁匠，隋家老太爷曾经在道光二十一年（1841）在为大禹庙会上当选过"换箭"状元，这可是老隋家多少代人的荣耀啊！到老三隋德印这一代，他依然从事铁业，当铁匠，可是，万万没有想到，一场灾难正向隋家走来。

在隋家屯，隋德印家有个邻居姓张，老头张万山领着两个儿子过日子，老大叫张进财，老二叫张进宝。张万山老伴死得早，是他屎一把、尿一把地把两个儿子拉扯大，又都给他们娶了媳妇，成了家，立了业，这可倒好，到老了，两个儿子谁也不收留老爹，但又没办法，这是自个的爹呀，于是哥儿俩定好，哥儿俩一家养老爷子一个月。平时，老爷子就住在挨着老大张进财、老二张进宝院子的一间破仓房里，来回去往老大老二家吃饭，不让老爹走门，双方各在自家院墙下架一个梯子，全靠老人家自个从墙上爬下去。

这一年，正是年三十。

天，渐渐地黑了。寒风刺骨，天空飘着雪花。村里有的人家已放起接神的鞭炮。已到吃晚饭的时候啦！

突然，隋德印听到院子里传来哭声和吵架声。

他来到院子里一看，原来是张大爷坐在墙头上哭呢！他的两个儿子正吵架呢，一细听，是因为爹应该在谁家多吃一顿饭少吃一顿饭的事。

本来，今天晚上应轮到老大张进财家了，可是，老大媳妇觉得自己亏了，不合适，这回多一天，今天晚上老人应该在老二家吃！

只听老二张进宝说："这个月，明明应该在你家吃！"

又听老大张进财说："啥叫应该？明明我们家多一天！"

老二说："多一天，这是大小进赶的！"

老大说："可今天这年，吃得不一样啊！"

老二说："有能耐，你把皇历改了呀！"

老大一听，来了气，说："改不了皇历，我改规矩！"说完，他也想把梯子撤了，并说道："你乐咋的就咋的！"

老二一听，说："你敢！"

老大说："就敢！"

老二说："你撤撤试试！"

"撤就撤！"

老大说着，真撤了梯子，回屋吃饭去了。

老二一看，说："你撤我也撤！谁不会咋的！"

说着，老二也撤了梯子，回屋吃饭去了！

这一下，哥儿俩竟然狠心地把老爹丢在墙头上，谁也不去管了。

老爹一看这两个狠心的儿子要跑，就喊："回来！都给我回来！"

可是，谁管他呀！

老爹在墙头上的寒风冷雪中，拍着墙头哭了，"你们哪，你们这两个孽子呀！想当初，我是怎么样把你们养大呀，没想到如今，你们不如狼啊！好吧，我不活了，我去找我老伴去吧！老伴呀！老伴呀！你在哪呀？快来接我呀……"

老人在寒冷的风雪中凄苦地哭号着，眼泪都冻成了冰疙瘩。

这时，作为邻居，隋德印再也看不下去了。于是，他扛上自己家的梯子，来到墙头下，让老人下来，他扶着老人进了自己家。

那一年的年三十，张大爷就是在隋铁匠家过的，总算过了一个舒心的年啊。

转眼到了十五，张大爷说啥也要回自己的小仓房里去。那天晚上，老人落泪了。老人说："兄弟，我没好，在这两个不孝东西手下，我活不了几年哪！"

老人比隋铁匠大三五岁。看着老人落泪，隋铁匠也伤心了。

这时，老人说："唉，有啥法能教训他们呢？"

隋铁匠想了想，突然说："我倒有个主意！你听行不行？"

他想了想说："大哥，你别急，你别愁，我这个办法，会让他们对你好！"

"他们，不会待我好！"

"会的！"

"为啥？"

"他们不就是贪财宝吗？"

"是啊！那有啥法？"

隋德印说："大哥，你看我的！我给你一罐子银元宝。然后，你天天拿着，偷偷在炕头上摆弄，他们一见你有钱，就会争着待你好了，你就可以幸福地安度你的晚年了！是不是？"

"是倒是！"

"可是……没元宝？"

"对呀，银元宝呢？"

"等着，我给你！"

"你哪来？你也是个穷铁匠！"

"我给你做……我试试看，你就明白了！"

过了不几天，隋铁匠捧着一罐子银元宝，来到了张大爷下屋，他"哗啦啦"把一罐子银元宝倒在了炕上！

张大爷一愣，他拿起一个一咬，哎呀，一模一样！

就问："这不是真的吗？"

隋铁匠说："这是我祖上独特的手艺，这叫马口鎏艺！"

"马口鎏艺？"

于是，隋铁匠隋德印便把自己家族古老独创的马口鎏金手艺讲给张大爷听。原来，这马口，是铁匠的一句行话隐语。马口，是一种独特的铁材，往往是铁水化到固定温度时，立刻以半温露水淬火，冷却以后的铁，称为马口。马口铁生成后，上面有鱼鳞纹，因此又叫鱼鳞铁，铁上有鱼鳞或云彩似的纹路，这种铁，细软，又坚硬，最适于作画成艺。但掌握其本性，非常难。

中国古代，从汉唐时起，包括"何尊"，以及仰韶时期的神面鱼纹，特别是尖顶器上两鱼左右对称，中间所绘人脸呈尖顶结构的图案，龙山文化时期神面与双兽纹石刻中出现的两兽对称，此类画艺对称，最早均是以马口、鱼鳞制画为雏形。

而马口铁制画，取天地之精华，还吸收了古丝绸的柔和花纹走向，使成器后，作品花纹自然、流畅，体现了匠人的创意，那就是随心所欲。

特别是隋家，经几代匠人的努力，到清中期，隋家的马口铁制画，已在中原声名大震。难怪道光二十一年（1841），隋家老人的马口铁制造手艺在倒根箭大禹庙"亮箭"仪式中，获得了头牌"铁匠状元"名号。如今，做这几个银元宝，这对隋家铁匠来说，那简直是雕虫小技，能不以假乱真吗？

对于隋家铁匠手艺传说故事，其实张万山早有耳闻，今天又眼见为实，真是佩服得五体投地。

其实那银元宝，就是以马口铁窠上铁块子，使马口对接无缝，纹路相连，简直就是银元宝而无疑。

张老汉拿着这些银元宝，又听着隋铁匠讲述的故事，忍不住哈哈大笑起来。

于是，二人便按计而施。

每天，张老汉按隋铁匠指点，每当儿子快来招呼去吃饭的时候，他便故意在炕头上摆弄这些元宝，一来二去，两个儿子和媳妇渐渐地发现了爹的秘密，哎呀，爹有私房钱哪！于是，他们果然改变了以往的吝啬，开始对爹好了起来。

为了讨爹的好，两个儿子、两个媳妇争着往各家拉爹，争着做好吃的给爹吃，老汉的日子过得也越来越舒心啦。

可是，好日子也就是过了争年左右，老汉就老得不行了。有一天，他对两个儿子说："我要不行了！我给你们留下点念想……"

两个儿子忙问："什么念想？"

"爹的财产！"

"什么财产？"

"到时候你们就知道了！我死后，念想就放在你隋大爷那！你们到时候把我安葬好了，再到你隋大爷那去取，一人一份，别争也别怨！"

两个儿子一听，高兴地答应了。

过了不几天，老人真的不行了，后来就咽了气。两个儿子争着发送、安葬老爹，表现可好了。等丧事办完了，二人立刻到隋大爷家取念想。

看他们到了，隋铁匠捧出了爹给他们留下的罐子，说："这就是念想，你们自己分吧！"

两个儿子急忙上炕，抢隋铁匠手里的罐子，倒出了元宝，又急忙去分，去抢，共八个元宝！可是拿起罐子再一看，里面还有一张纸，上面是爹留下的几句话。

只见上面写道：

也别争，也别吵，

哪有什么银元宝？

要不是你隋大爷，

破墙头上送我老！

不孝子孙，

老天难容！

张老汉的两个儿子，一下子傻了眼啦，这才后悔地呜呜哭了起来！从此，乡亲们对这两个家伙格外嘲笑鄙视。

事情虽然就这样过去了，可是，隋家的善良和正义不但没得好，反而就这样得罪了张家哥儿俩。当年，张进财的儿子在海洋县府衙当差，他们就告假案，说隋家偷换了他家的财宝，并收买捕快，要将隋家当家人收捕入狱。唉，这可怎么办呀！

这时，有几个好心的乡亲出主意说，快出去躲躲吧。可是，上哪躲呢？

当年，中原人逃难、躲灾，没有别处可去，只有一个去处，那就是关东，就是山海关以东的长白山，大东北。于是，在一个月黑风高的夜里，隋德印一家人，带着小烘炉和风箱、锤子等打铁工具，就这样告别了生活了几百年的老屯，和一伙闯关东的人，含着泪离开了老家，直奔东北而来了。

那一年，正是清光绪二十一年（1895），隋家老小五口人，沿途要饭，一路向东，由于他有铁匠手艺，每走到一个村屯，他们就靠手艺给人家打把菜刀、镰刀、锄头什么的，维持个不饿死，再继续赶路。

这样一走走了十年，连儿子隋良轶都是在路上生的，一路上，他们开过烘炉作坊，开过马掌庄，总想寻找一个较理想的地方落脚过活。这一年，在1932年，儿子隋良轶二十多岁那年，他们全家顺着中东铁道吉（吉林）图（图们）线，来到了一个叫明月镇的地方，一看这里有山有水，而且地名叫明月，是个好地方，于是就在这儿落了脚，几年后，孙子隋心法也出生了。而隋心法就是隋进才的父亲。

可是那时的东北，到处充满了苦难，日本人发动了"九一八"事变，铁路沿线全让日本人占了。日本满铁株式会社听说隋家是铁匠，强抓隋良轶去当"勤劳奉仕"，在铁路上专门做铁轨、道钉，听说他会以马口铁制画，又让他做信号灯。

铁道上的信号灯，都是马口铁所制。有一天，东北义勇军三江好（罗明星，东北铁道游击队队长），找到了隋进才的爷爷隋良轶说："中国人，不给日本人做事！"

爷爷答应了。于是，爷爷领着隋进才的父亲隋心法，逃到了明月镇以前更靠近长白山里的长兴屯去了，直到日本子倒台，隋家都躲在长兴的深山老林子里，不出来给日本人干铁器活。

长兴，是个汉族和朝鲜族共同居住的大屯子。当年，铁活是个大手艺呀，一来二去，隋家铁匠铺就成了名铺。

到五六十年代，父亲成了生产队里的技术能手。那时，长兴屯经常有一些民俗活动，比如朝鲜族的拔草龙，主要是将稻草编成一只大草龙，然后在农夫节上进行祭祀和比赛等游戏。还有，就是朝鲜族喜欢用这种草龙来装饰他们的院墙。那装饰过的院落的墙头，十分有趣，也充分地利用了生产资料稻草。但是，当时的长兴屯，人们不会，需要到万宝、红旗那边去请人。

一天，父亲路过村里的场院，他看了一眼编织现场，就说："我来试试看！"

　　编这种草龙，一开始全是手工，要先编草绳。父亲当时是生产队里的大铁匠，可是他只看了一下，便以马口铁和铸铁造了一台"吐绳机"！

　　那吐绳机，如一个板凳立在那里，板凳头上扬起一个口，如马的口，还有两排牙齿，那是父亲特意制作的一排上下对称的铁牙。

　　人们只需将一捆捆稻草塞进去，再一摇动摇把，只见马口的铁牙上下咬动，不一会儿，吐绳机就把人们放进去的稻草变成了一捆捆粗细有致的好看的金黄草绳。后来，他设计的草绳机变成了电动。

　　当吐绳机里吐出了人们渴望的草绳，当地的社员欢欣鼓舞，社员大人小孩都围着父亲的"吐绳机"高兴地跳起了民族舞蹈，唱起了金凤浩创作的《红太阳照边疆》和《延边人民热爱毛主席》……

　　当年，朝鲜族地区的这些村里活动，包括踩地神（朝鲜族过年往各家送喜），那些巫师戴的脸谱，都是父亲亲手绘制制作的铁画。

　　由于父亲是铁匠，母亲是画匠，隋进才从小就在"二匠"怀里长起来。父亲给踩地神、拔草龙、农夫节上朝鲜族民俗活动所制作的铁画，第一次填补了民族文化的空白。

　　拔草龙、踩地神、农夫节是他们的主要民俗生活，于是，父亲也成了他们崇拜的人物，更让人惊奇的是，长兴屯旁边有好几个大的村屯，像五峰、友善村等，当年的五峰村和长兴屯都进行村落技能比赛，其中有一项就是种地的选种。

选种，往往在早春，北方的户外还是白雪皑皑，选种已开始了。在那时的长兴屯，只有一台选种机，那是村里的宝贝。

这台木制选种机，效率极低，因选种机的算子是木片的，工作起来效率极低，效果也不佳，铁匠看在眼里，急在心上。

铁匠都是急性子，父亲也是。但父亲是一个非常聪明的铁匠啊，他立刻找到生产队长说："队长啊，这样吧，我来试试，改算子吧！"

队长不信："一直是木匠活，你是个铁匠……"

"我让它变成铁活！"

"真的？"

"试试看吧！"

于是，父亲下手了。

铁匠一下手，便知有没有。父亲拿出了祖先的智慧，他还是在铁的性能上下心思，于是，他把选种机的木算子，改成了以他的马口铁所制造的铁算子。他又一次调动了马口铁的优良性能，制成了选种机奇特的算子。这样一来，每当选种豆粒儿在他所制造的铁算子上时，机器便会欢快地蹦起来，仿佛有一只大手在弹琴，发出好听的动静，不一会儿，就将符合标准的种子选了出来，大大地提高了农耕效率。

消息立刻传开了。

当年在长兴，在五峰，也是大家定期推举各村农耕文化状元。当年，像在海洋县倒根箭村选择老太爷为铁匠状元一样，他们在长兴也选父亲隋心法为农耕状元。

村民们以状元轿抬着父亲游村，孩子们拍着小手唱歌：

你拍一，我拍一，

村里有了选种机；

你拍二，我拍二，

今天的红花给谁戴？

你拍三，我拍三，

给咱的铁匠挂胸前！

这件事，对家里影响极大。母亲平时受家里的影响，她自己非常喜欢绘画，记得后来她到照相馆工作，那时没有彩色相片，照出来的都是黑白相片。有一年，来了一个解放军，那是个英俊的小伙子，当时照相，照相馆里有一个习惯，就是可以在自己照得比较好的相片中，选一两张，然后挂在照相馆的橱窗里，以便展示自己的手艺。这时，母亲就把这个英俊的解放军的相片放大以后，准备挂出去。可是，她总觉得缺少点什么。

缺少点什么呢？

突然，聪明的母亲明白了，她觉得这美丽的五星应该是红色的！于是，母亲便用红颜色给那张黑白照片的军人衣领和军帽上的五星染成了鲜红的色彩，然后放大，之后才挂在橱窗里。

几个月之后的一天，突然来了一个军人。军人进了照相馆，他冲着母亲端端正正地打了一个军礼，说："同志，谢谢您了！"

母亲一眼就认出，这是闪光的军礼！

军人说："同志，我有个请求！行吗？"

"说说看！"

"再给俺洗三张……"

隋进才记得，母亲那晚一宿没睡。她在自己家的台灯下，精心地为军人的黑白军服、军帽上，涂上了鲜红的军章和五星。

夜里，进才见母亲的屋里还亮着灯光，他给母亲找件衣服披上，依偎在母亲身旁。

记得母亲说，儿呀，艺术需要有情感，人心里有了热爱，艺术就有了灵魂，就有了创新思想；艺术又是继承，咱隋家几代人的追求，其实就是沿着一个理，让生活更美、更好。

进才问："怎么样概括呢？"

母亲说："一个字！"

"哪一个？"

"真！"

"真？"

"真！真心，才能出真艺。"

真心，才能出真艺。这句话，从此深深地印在隋进才心中了。

听着母亲的结论，隋进才幸福地笑了。

这件事情，对母亲的启发也更大了，原来，儿子是块好料。当然，母亲的话对隋进才的启发更大了，他心收到一个点上，那就是，对生活，对艺术，都要真。

后来他们家又搬回了安图县的明月镇。安图，这是个古老的文化发生地，这里有几万年前的安图人洞穴遗址，这里古称稻城，在两千多年前的唐和渤海时期，农耕稻作文化十分出名，在今安图明月镇东十公里处的五峰山上，至今还保留着渤海文化遗迹，就在今隋进才工作室所在的村，还有稻城碑。

隋进才长大了，首先是对中华民族铁画艺术的精神和技艺有了更深的理解。他不单追求家族的久远名份，更注重自己的继承创新。

所以，多年来，隋进才的作品，无论是鱼、辣椒、饺子、虾，还是红色文化和民俗文化，抑或是简洁大方自然的山、水、人，他都是以"真"为他的最终标准。隋进才能把传统工艺融合发展到今天这一步，靠的就是中国当代美术教育家徐悲鸿老师的一句话"古为今用，洋为中用"，这个理念影响自己在做一个有主题的新中国艺术的门类。在中国和全人类，真，这是一切艺术的标准。他正在朝着方向而努力，并已经展示了他追求的明确性。

二、铁匠歌谣

（一）就数金匠好

种田三年没吃穿，

不如瓦匠干半年；

瓦匠没有铁匠好，

不如铁匠干几天；

铁匠没有锡匠好，

不如锡匠沾几沾；

锡匠没有金匠好，

不如金匠打金圈。

（孙树发搜集）

（二）老八行

长木匠，短铁匠，

挑八鼓绳摇货郎。

泥工匠，瓦刀亮，

石匠凿子把不长。

粉匠瓢，叭叭响，

油匠抢锤来回晃。

成衣铺，剪裁忙，

谁也离不开老八行。

（刘仲元搜集）

（三）打铁谣

打铁打到一月一，

街上彩旗云密密。

打铁打到二月二，

春风冷得刮两耳。

打铁打到三月三，

颜色青青杨柳弯。

打铁打到四月四，

寒食清明一齐至。

打铁打到五月五，

春风飘落变尘土。

打铁打到六月六，

养罢春蚕又锄谷。

打铁打到七月七，

汗像雨点往下滴。

打铁打到八月八，

日落西山风不刮。

打铁打到九月九，

蟋蟀唧唧到处有。

打铁打到十月十，

家家安乐备酒食。

打铁打到十一月，

树叶经霜红似血。

打铁打到十二月，

雪花飘飘忙过冬。

（金宝忱搜集）

（四）风匣谣

风匣风匣风匣呀，

这是谁的风匣？

是我铁匠的风匣。

噗噜噜噗噜噜，朴老汉！

笃打打笃打打，尹老汉！

哎噜哗哎噜哗，拉吧！

火花开得满堂红，

铁在炉里红透啦。

这是谁的风匣？

是我铁匠的风匣。

风匣呵，推进去，

出来一把镰刀；

风匣呵，拉出来，

出来锄头一把。

哎哗噜，早库，早答，

哎噜哗，早儿西咕！

噗噜噜噗噜噜，拉吧！

南山平原大丰收啦。

农民兄弟流汗如珍珠，

金黄的稻浪滚滚流啦。

风匣风匣风匣呀，

是谁的风匣？

南山平原的宝贝风匣！

（李龙得搜集）

（五）行行出状元

瓦匠堆个大白塔，

石匠凿个千佛山。

铁匠造个大铜牛，

木匠修个金銮殿。

天下三百六十行，

行行都能出状元。

（孙树发搜集）

（六）铁匠赞

走了一家又一家，

碰见铁匠老行家。

铁匠师傅你细听，

你们顶的啥根生？

顶的不是别一位，

是那老君神一宗。

口似风匣手似钳，

髁膝盖上耍三年。

老君看见心不忍，

置下砧子到如今。

长白山上拧劲树，

砍下用来做风匣。

风匣截了三尺三，

张良按住鲁班旋。

里面掏了个空腔腔，

外头旋了个柳叶光。

公鸡毛，母鸡毛，

拿个麻绳绑个牢。

"猫儿头""六只眼"，

匣头安了个扇风板。

大炉安在长白山，

小炉安在松江边。

三十里听见风匣响，

四十里看见火光闪。

烧得铁块红花花，

两人举锤把铁打。

大锤打，小锤填，

一打打出割地镰。

镰刀打得亮闪闪，

保它来回割三年。

若是割上两年半，

啥时卷刃啥时换。

打个啥，像个啥，

打个鹦哥来上架。

要个啥，做个啥，

铁疙瘩能做牡丹花。

师傅手艺巧又精，

远近百里有名声。

只要你炉儿火苗旺，

师傅好日子天地长。

（吴湘琴搜集）

（七）小炉匠之歌

小炉匠我今天精神爽，

昂哩昂，昂哩昂，依哩昂哩昂呀，

我挑着小炉子下了乡，

昂哩昂，昂哩昂，依哩昂哩昂呀；

过了几座大木桥，

昂哩昂，昂哩昂，依哩昂哩昂呀，

不多时便来在了李家庄，

昂哩昂，昂哩昂，依哩昂哩昂呀。

李家庄有个李大娘，

昂哩昂，昂哩昂，依哩昂哩昂呀，

她有个姑娘叫小香，

昂哩昂，昂哩昂，依哩昂哩昂呀；

上次我路过她家门口，

昂哩昂，昂哩昂，依哩昂哩昂呀，

她一双笑眼瞅得我心发慌，

昂哩昂，昂哩昂，依哩昂哩昂呀。

如今我站在屯子口，

昂哩昂，昂哩昂，依哩昂哩昂呀，

放下了挑子清清嗓，

昂哩昂，昂哩昂，依哩昂哩昂呀；

我对着村里头大声喊，

昂哩昂，昂哩昂，依哩昂哩昂呀，

铜盆铜碗铜大缸，

昂哩昂，昂哩昂，依哩昂哩昂呀。

今天这声喊得脆，

昂哩昂，昂哩昂，依哩昂哩昂呀，

今天这调找得亮，

昂哩昂，昂哩昂，依哩昂哩昂呀；

三声过后我再看，

昂哩昂，昂哩昂，依哩昂哩昂呀，

从胡同里走出个大姑娘，

昂哩昂，昂哩昂，依哩昂哩昂呀。

我打眼上前这儿一看，

昂哩昂，昂哩昂，依哩昂哩昂呀，

正是李大娘家里的小漂亮，

昂哩昂，昂哩昂，依哩昂哩昂呀；

就是这丫头抿嘴一笑，

昂哩昂，昂哩昂，依哩昂哩昂呀，

叫声大哥跟我去锔缸，

昂哩昂，昂哩昂，依哩昂哩昂呀。

跟她进院我落了座，

昂哩昂，昂哩昂，依哩昂哩昂呀，

开始给她锔大缸，

昂哩昂，昂哩昂，依哩昂哩昂呀；

一边锔我一边把她望，

昂哩昂，昂哩昂，依哩昂哩昂呀，

我心上的姑娘李小香，

昂哩昂，昂哩昂，依哩昂哩昂呀。

小香她也在把我望，

昂哩昂，昂哩昂，依哩昂哩昂呀，

根本不看她家的缸，

昂哩昂，昂哩昂，依哩昂哩昂呀；

只听刺溜刺溜一阵响，

昂哩昂，昂哩昂，依哩昂哩昂呀，

巴锔子锔在了大腿上，

昂哩昂，昂哩昂，依哩昂哩昂呀。

一看我大腿冒血浆，

昂哩昂，昂哩昂，依哩昂哩昂呀，

一旁可急坏了李小香，

昂哩昂，昂哩昂，依哩昂哩昂呀；

大哥你别急来也别慌张，

昂哩昂，昂哩昂，依哩昂哩昂呀，

俺娘她在屋里往外望，

昂哩昂，昂哩昂，依哩昂哩昂呀。

你要是饿了，你就吃饭，

昂哩昂，昂哩昂，依哩昂哩昂呀，

你要是渴了，你就喝汤，

昂哩昂，昂哩昂，依哩昂哩昂呀；

如果你不渴又不饿，

昂哩昂，昂哩昂，依哩昂哩昂呀，

就到我家里来养伤，

昂哩昂，昂哩昂，依哩昂哩昂呀。

小炉匠一听喜洋洋，

昂哩昂，昂哩昂，依哩昂哩昂呀，

早就忘记了腿上的伤，

昂哩昂，昂哩昂，依哩昂哩昂呀；

这真是好姻缘巴锔子给连上，

昂哩昂，昂哩昂，依哩昂哩昂呀，

老太太就这样成了丈母娘！

昂哩昂，昂哩昂，依哩昂哩昂呀。

（田洪明讲唱）

（八）铁匠孩儿

皮匠的孩儿，会裁缝；

纸匠的孩儿，会打浆；

木匠的孩儿，会卡塞；

铁匠的孩儿，会使钳。

（九）淬火歌

件一出炉用眼观，

看看颜色欢不欢；

钳子按住水里按，

要看气泡往哪翻。

往左翻，

往右牵；

往右翻，

往左拐；

往右拽，

往左拐；

往前掰，

往后连。

只要心中有了火，

钢件铁件都圆满。

（十）垛子淬火歌

一盘凉，一盘热，打铁的用水来淬火。

水凉了，件硬了；

水热了，件软了；

不凉不热，

垛子不错。

（十一）炉火歌

风匣一响呱嗒嗒，

炉内炭火直窜花。

长一个花，喽喽喽，

长二个花，喽喽喽，

正是铁件开打时。

长三个花，喽喽喽，

长四个花，喽喽喽，

这个铁件烧黏啦。

锤子再打也扁了。

要问这是为什么，

火苗一小烧老了，

火苗一大烧过了。

　　天刚刚放亮，田师傅就来了。他是和儿媳海楠一起来给我送一些物件——枪锯，挂掌马凳，老鼠铁灯，崩子，打锣……那些物件，在黎明的晨光中闪着古旧的神奇之光，让人感到万分惊讶。这些，是我与他唠嗑时谈到的东西，没承想他却很快便完成，这证明这些东西其实就存在于他的脑子里。他对我说，他听了我的"指示"，一刻也睡不着觉，于是很自然地便回忆着打制出来了。他说得仿佛很轻松，仿佛这些东西不是用"铁"，而是用"面"轻易地捏制出来的。他的眼中闪着无尽的智慧之光，那是一种长久的辉煌所在。但是现在看得出，如果不是我们找到了他，认准了他，并且帮他申报了长春非物质文化遗产代表性传承人，他所有的这些"智慧"都将会在漫漫的历史长河中一点点淡化，最后一点点消逝而去。田师傅的来临，使我感受到"遗产的挣扎"。

　　眼前的灿烂的铁艺文化创造使我们充分地感受到农耕文明曾经多么丰富多彩，在城镇化、工业化进程中遗产却消失得很快，这个

作者与田师傅

现状其实说明了人类文化发展与消亡的必然走向时期文化工作的重要意义所在。文化，已在那里明显地消亡，文化工作者再不能坐在屋里坐而论道，而要走进生活底层，走进田野，去与遗产和遗产持有者亲密接触，研究和分析遗产现状和形态，面对面地抢救、保护、传承这些珍贵的遗产。记得冯骥才曾在一处学院文化遗产的论坛上对大家说，现在大家都要起立，走向田野和民间，不要再在这里坐而研讨，不然等我们在理论上仿佛弄明白了，其实遗产已在生产中消失殆尽。我们的课堂在田野。只有走下去，才能与遗产和遗产持有者亲密接触，把曾经的活态遗产保护下去，记录下来。那些遗产传承者、持有者往往是一些朴实的人，在文化快速转换的时代，他们不知所措，由于环境的消失，他们的创造面临真正的濒危，这时最需要我们文化人、专家和学者去与他们面对面地交心，了解他们手艺的走向，共同去打捞他们心底的遗产。

如果我们表明帮他"打捞"心底遗产的机会和想法，他便会有序地将心底的遗产一一表述出来，这该是一件多么重要的事情啊。

这期间，我不但帮他申报了市级遗产名录，还留出名额让他参加了省文联第八次代表大会，从多方面让他认知"自己"，感受到遗产对社会和人类的作用。这些，都是在"遗产挣扎期"（指社会转型期遗产处于消亡或转换的时期），我们文化工作者一定要去做的事情。这个事例，其实非常重要，这不单单是中国，在世界各个民族、地区和国家，在城镇化与农耕文化、渔猎文化、游牧文化的转型期，其实都有"遗产挣扎"期，而这个时期是遗产最宝贵的保护期。我们要记录下这个时期的文化背景与形态。

这部《铁匠》就是遗产抢救的记录和范例。我时时在深思，如果我们在这时思想处于麻痹状态，遗产不是完全轻易地失掉了吗？今天，我们丢掉它们，也可能感觉不到对生活和社会造成什么缺憾，可是随着时光的流逝，在未来或不久的将来，我们就会感受到生活会变得越来越单一、无味，生活的色彩会越来越淡薄，当人们惊叹生活怎么会这样子时，才去感悟那曾经逝去的文化的重要，可是一切都已悔之晚矣，失去的遗产再不会回来了。

我在做时，一刻也没有停止感动与惊叹，我与田铁匠已渐渐地成为知心朋友，我感受到劳动的快乐，智慧的生动，创造的奇妙，以及人与遗产、与社会生活之间那种不可分离的关联和内在的层次。其实，遗产是生活的结构。如果我们真正走进一个村落，走进一个街区，只有走进遗产才算是真正的走进。

为了使他和他的作坊存在，我曾经和他一起去见拆迁办主任，我说，你有你们的《拆迁法》，我有我的《遗产法》，我与他们据理力争。我甚至找市长，难道我们城市就不能留下一个铁匠吗？我的努力，足足使他的作坊在这个胡同里存在了两年多。

生活，不能没有响动，就是"声音"，包括叮叮当当的锤子声。小时候，那些锤声是大人生活的过往，孩子们只是以好奇的目光和心理去打量铁匠炉里的场景，也不知道这都是"文化"。到了如今，当我们一旦听一个铁匠在述说，一旦把这一行当的工具、手艺、作品都记录下来时，才觉得原来这是一段难忘的岁月。可是最后，他和作坊还是被强行拆迁走了，响动我留不下来，就只好留下记忆和故事吧，感谢一些专家、学者、好友对我的支持，如孙树发、刘仲元、金宝忱、李龙得、吴湘琴，等等。

多年的田野文化踏勘、考察使我养成一种习惯，那就是认真记载生活的真实，不改变自己对生活的认知，留住对生活的第一感知。还有就是工作方法。我所使用的田野记录工作方法是与国际文化人类学所同步的方法，也是为了这些文化将来走向世界。这是一种思想准备和理论准备。我是在做人类文化的"源头记录"。记得5月8日那天，冯骥才主席给我题写"东北文化源头记录"时，他说："保明，我这就给你题。这可是清朝的纸。而记下的文化是当代最新的思想方法……"这是我始终遵循的原则。《铁匠》的写成就是一种文化遗产理论和实践所结合的成果。留下来，就是为了给社会和人类增加知识量。也许若干年后人们能感受到它的价值。